21世纪高等学校数字媒体艺术专业规划教材

M三维动画
Maya高级角色
骨骼绑定技法（第2版）

微课版

◎ 周京来　徐建伟　编著

清華大學出版社

北京

内 容 简 介

本书详细剖析了 Maya 软件在动画制作中角色骨骼绑定的高级应用技术，通过机械类道具台灯绑定、生物类蝴蝶绑定、电影蜘蛛侠角色绑定及 HumanIK 系统绑定、阿童木角色 Advanced Skeleton 整体绑定技术、角色面部绑定技术等经典案例，深入介绍了 Maya 在三维动画骨骼绑定技术方面的综合应用，重点介绍了 Maya 内部骨骼绑定技术的应用及外置插件的高级绑定技巧。本书案例新颖，经典易懂，具有很强的实战性和参考性。每章均由案例分析、案例操作和本章总结三部分组成，层次分明、步骤清晰，同时融入了企业项目制作经验，使内容更加翔实。

本书还附带微课视频、教学插件和相关工程文件，能满足高等院校三维角色动画绑定课程教学的实际需要。本书可作为高等院校、高职高专院校动漫、数字媒体、广告、游戏、影视动画等专业课程的教材，也可供三维动画绑定制作人员参考使用，还可作为三维动画培训班的培训教材。

图书在版编目（CIP）数据

三维动画 Maya 高级角色骨骼绑定技法：微课版/周京来，徐建伟编著. —2 版. —北京：清华大学出版社，2020.1（2024.8 重印）

21 世纪高等学校数字媒体艺术专业规划教材

ISBN 978-7-302-54296-4

Ⅰ.①三… Ⅱ.①周… ②徐… Ⅲ.①三维动画软件－高等学校－教材 Ⅳ.①TP391.414

中国版本图书馆 CIP 数据核字（2019）第 259227 号

责任编辑：刘向威
封面设计：刘　键
责任校对：胡伟民
责任印制：刘海龙

出版发行：清华大学出版社
网　　址：https://www.tup.com.cn，https://www.wqxuetang.com
地　　址：北京清华大学学研大厦 A 座　　　　邮　　编：100084
社 总 机：010-83470000　　　　　　　　　　邮　　购：010-62786544
投稿与读者服务：010-62776969，c-service@tup.tsinghua.edu.cn
质量反馈：010-62772015，zhiliang@tup.tsinghua.edu.cn
课件下载：https://www.tup.com.cn，010-83470236

印 装 者：三河市龙大印装有限公司
经　　销：全国新华书店
开　　本：185mm×260mm　　印　　张：20.5　　字　　数：512 千字
版　　次：2016 年 9 月第 1 版　　2020 年 1 月第 2 版　　印　　次：2024 年 8 月第 6 次印刷
印　　数：10501～12500
定　　价：89.00 元

产品编号：082168-01

一、为什么要写本书

"三维动画角色绑定"是高等院校三维动画专业中重要的专业课程之一,也是游戏行业、CG 动画制作中重要的工作之一。在高等院校开设本课程应本着"因材施教"的原则,把实践环节与理论环节相结合,从易而难,深入浅出,逐步展开知识点,以掌握实用技术为原则,以提高动画专业教育为目标。

时光荏苒,日月如梭。编者从毕业到现在一直工作在教学第一线上,希望把多年在三维动画项目制作中积累的经验和技巧,以及在高等院校教学中积累的教学经验分享给大家,将最新的角色绑定技术与绑定流程呈现在读者面前。同时希望更多的影视动画爱好者了解并加入 CG 行业来,加速国内影视动漫产业发展。

本书以编者多年项目经验为基础编写而成,基于"授人以鱼,不如授人以渔"的理念组织内容。让读者快速有效地掌握实用的专业技能,成为技术应用型人才,这是编者编写本书的初衷。希望本书能给广大读者带来实实在在的帮助,提高读者的专业技能,成为在动画制作前进道路上的"领路人"。

二、内容特色

与同类书籍相比,本书具有如下特点。

1. 精品原则

本书不会出现烦琐的理论讲解,因为编者来自教学第一线,工作中每天接触、使用、学习、研究的内容就是如何在保证工作质量的前提下,提高工作效率,完成工作任务。本书根据新技术、新标准、新规范等更新编写内容,图文并茂,每章案例都配有视频教程,语言生动,传袭经典,突出前沿,着力打造精品,建设精品教材。

2. 实用原则

本书的编者有丰富的教学经验和实践经验,案例来自实践,紧扣实战技巧,书中内容安排遵循由浅入深、循序渐进的原则,从基础知识、简单实例逐步过渡到符合生产要求的成熟案例,突出技术应用,努力做到与职业标准、岗位要求的有机衔接,使本书更加实用。为了更加生动地诠释知识要点,本书配备大量新颖图片,以提升读者兴趣,加深对相关理论的理解。在文字叙述上,本书摒弃了枯燥的平铺直叙,采用案例与问题引导式;同时,本书还增加了"温馨提示"板块,彰显以读者为本的人性化的特点。

本书真正体现了理论联系实际的理念,使读者能够体会到"学以致用"的乐趣。提供微课视频教学,案例配套的相关教学文件、素材文件及每章案例的视频教学文件,以教材为载体,为读者提供课程案例全套解决方案。

3. 创新原则

本书揭秘三维动画专业绑定制作流程,传授业内顶尖最新绑定技术,突出业内制作最高水准。采用了五维一体教学法中的"项目实践法"的教学方式。案例设计新颖,有很多技巧提示,读者不仅可以快速掌握一定的实战经验,而且可以掌握提高制作效率的专业技法。

三、结构安排

本书主要介绍现代数字三维动画角色骨骼绑定技术的相关知识,全书共 10 章。第 1 章是角色绑定概述;第 2 章讲述机械类道具台灯绑定;第 3 章讲述生物类蝴蝶绑定;第 4 章讲述蜘蛛侠下肢腿部骨骼绑定技法;第 5 章讲述蜘蛛侠躯干骨骼绑定技法;第 6 章讲述蜘蛛侠上肢骨骼绑定技法;第 7 章讲述蜘蛛侠头部骨骼绑定技法;第 8 章讲述蜘蛛侠 HumanIK 绑定技巧;第 9 章讲述应用高级角色骨骼绑定插件 Advanced Skeleton 进行蜘蛛侠身体绑定及阿童木身体和面部绑定技巧;第 10 章讲述角色面部表情动画设置与角色面部表情动画的制作技巧。全书细说"骨骼绑定概念"、品读"典型应用实例"、精通"角色骨骼绑定技术"和活用"角色骨骼绑定插件"。本书所有角色模型和工程文件均在共享资料中,读者下载后可以直接调用。

四、读者对象

在学习本书之前,计算机应已安装了三维软件 Maya 2018 版本。本书适合使用 Maya 2018 及以上版本学习,有一定软件操作基础效果更佳。

读者在学习本书时,可以一边看书,一边看视频教学文件,学习完每个案例后,可以在计算机上调用相关的工程文件进行实战练习。

本书适合对角色绑定技术感兴趣的读者;三维动画、影视动画、游戏设计、数字媒体、计算机科学与技术相关专业的本科生、研究生;相关三维动画绑定技术人员。

五、致谢

本书由精英教育传媒集团河北天明传媒有限公司兼河北传媒学院特聘三维动画讲师周京来和石家庄工程职业学院徐建伟两位编著。河北传媒学院计算机管理专业学生赵书亚和影视多媒体技术专业学生高子越参与了本书的校阅工作。

本书编写得到了清华大学出版社领导和编辑的大力支持,在此表示感谢!同时,编者感谢父母、同事、领导和朋友的支持与鼓励，特别感谢精英集团、精英教育传媒集团、河北传媒学院、河北工业职业技术学院、河北化工医药职业技术学院、石家庄工程职业学院、河北天明传媒有限公司、北京精英远航教育科技有限公司、北京精英远洋科技发展有限公司、中国动漫实训与考级中心和河北清博通昱教育科技集团有限公司的领导，使编者能发挥潜能，超越自我。

编者一直信奉古人说的"书山有路勤为径，学海无涯苦作舟"。人生的价值在于不断追求，相信你现在的努力和付出，未来一定会得到收获。

限于编者的水平和经验，加之时间比较仓促，疏漏之处在所难免，敬请读者批评指正。

编　者

2019 年 6 月

[目 录]--Contents

Contents

第 1 章

Chapter 01

Character Rigging - - -

角色绑定概述

- - - Summary

本章学习目标

*** 熟练掌握 Maya 软件的使用方法
* 了解角色绑定的概念及三维动画制作流程
*** 熟练掌握角色绑定基础命令的使用

本章先介绍 Maya 软件及 Maya 软件应用领域,接着介绍角色绑定的概念、三维动画制作流程和绑定合理的标准,最后介绍角色绑定技术需要掌握的相关基础知识及命令。

1.1 软 件 概 述

1.1.1 Maya 软件介绍

Maya 2018 简体中文版由美国 Autodesk 公司出品,是一款世界顶级三维动画软件,Maya 功能完善,操作灵活,易学易用,制作效率极高,渲染真实感极强,是电影级别的高端制作软件。该软件曾获得过奥斯卡科学技术贡献奖,如图 1-1 所示。

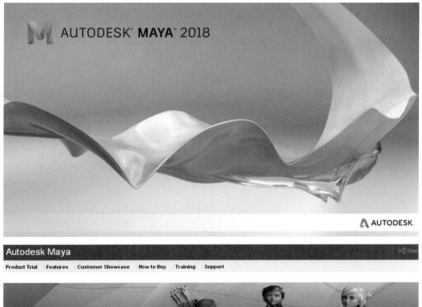

图 1-1

Maya 售价高昂,声名显赫,是制作者梦寐以求的制作工具。掌握了 Maya,会极大地提高制作效率和品质,调节出仿真的角色动画,渲染出电影一般的真实效果,向世界顶级动画师迈进。Maya 集成了 Alias Wavefront 最先进的动画及数字效果技术。它不仅包括一般三维和视觉效果制作的功能,而且还与最先进的建模、数字化布料模拟、毛发渲染、运动匹配技术相结合。Maya 可在 Windows NT 与 SGI IRIX 操作系统上运行。在目前市场上用来进行数字和三维制作的工具中,Maya 是首选的解决方案。

1.1.2　Maya 软件应用领域

Maya 软件应用领域是专业的影视广告、角色动画、电影特技等,如图 1-2 所示。很多三维设计者都使用 Maya 软件,因为它可以提供完美的三维建模、游戏角色动画、电影特效和高效的渲染功能。Maya 软件被广泛用于电影、电视、广告、网络游戏和电视游戏等数码特效创作。

图　1-2

Maya 也被广泛地应用到了平面设计(二维设计)领域。Maya 软件的强大功能正是其被广大设计师、广告主、影视制片人、游戏开发者、视觉艺术设计专家、网站开发人员极为推崇的原因。Maya 将这些专业人员的水准提升到了更高的层次。

1.2　绑定概述

Maya 作为一款世界级的三维动画制作软件,深受广大动画艺术家的青睐,但 Maya 的博大精深却给学习者带来困难,尤其是角色绑定动画(如图 1-3 所示),更是让许多学习者难以掌握。在三维动画制作流程中要想让角色动起来,首先就要对角色进行骨骼绑定设置,然后才能实现各种丰富的角色动画。下面就开始帮助大家快速有效地掌握这门技术。学习角色骨骼绑定技术之前,首先需要了解绑定的概念,为什么要做绑定,什么样的绑定是合理的绑定，绑定环节涉及哪些知识领域，有哪些知识点需要注意，目标效果如何，哪些是重要的，哪些是必要的，哪些是灵活的。作为动画师或者绑定师，无论哪个环节，都必须一步一个脚印地打好基础。本章将重点学习 Maya 角色骨骼绑定的基础知识，这是绑定的精髓。万丈高楼平地起，我们就从绑定基础知识开始学习。

图　1-3

1.2.1　绑定是什么

　　绑定，在三维动画制作流程中又称为角色设置或者装备，英文为 Rigging，我们通常说的骨骼设置也就是骨骼绑定。绑定即赋予角色动的能力，绑定是为模型添加骨骼控制系统，使模型能够按照运动规律合理运动，方便动画师制作动画，如图 1-4 所示。

图　1-4

　　动画片是由会动的画面串联起来的一种艺术表现形式,在二维动画世界驱使角色运动的是动画师的画笔,通过线条的变化产生运动,如图 1-5 所示。在三维动画世界里的三维模型如何从静态变成可以随意调节运动的动态模型呢?动画师们通过精心设计的控制系统来操控三维模型,制作出千姿百态的动作和表演,绑定工作指的就是整套骨骼控制系统的建设,如图 1-6 所示。

图　1-5

图　1-6

　　角色绑定即给角色模型添加骨骼、设置 IK(Inverse Kinematics,反向动力学)、添加驱动和控制器的过程。首先添加骨骼(骨骼本身自成一套控制系统,即 FK(Forward Kinematics,正向动力学)系统),然后给骨骼必要的部分加上 IK(它是另一套控制系统,即 IK 系统,一个 IK 的作用是:通过控制某一关节上的 IK 来带动其他关节运动),然后添加控制器(一般使用 EP 曲线,控制器的作用是驱动 IK 和骨骼,当我们调节角色动画的时候不再去动骨骼和 IK,而是只调节控制器),如图 1-7 所示。

图　1-7

　　简言之,绑定的原理是控制器控制 IK 与骨骼,IK 也能控制骨骼,而骨骼通过蒙皮最终控制模型。如图 1-8 所示是韩国网络游戏剑灵的角色 T POSE(T 形姿势)、角色 POSE(姿势)设定及角色骨骼绑定。

角色T POSE　　　　角色POSE设定　　　　角色骨骼绑定

图　1-8

1.2.2　绑定处于整个制作的什么环节

在三维动画的制作流程中,绑定环节属于三维动画流程的中期环节,绑定在建模和动画之间起到了一个桥梁的作用。它将静止的无生命的模型变成有动作的活生生的角色。动画师的工作就是要根据角色的需要,通过所掌握的技术,提出一个符合角色动画需要的控制方案,以便能随心所欲地塑造角色的性格特征。虽然绑定环节并不需要对模型的所有环节进行操作,但是需要对动画的角色和场景道具进行必要的绑定,便于动画师进行动画的调节。通常利用 Maya 软件制作一个游戏角色项目流程相对简单。例如,动作冒险游戏 Darksiders Ⅱ(暗黑血统 2)里的乌鸦教父(Crowfather)角色制作流程可以概括为如图 1-9 所示。一个标准的三维动画项目制作流程相对复杂一些。三维动画项目制作流程如图 1-10 所示。

图　1-9

图 1-9（续）

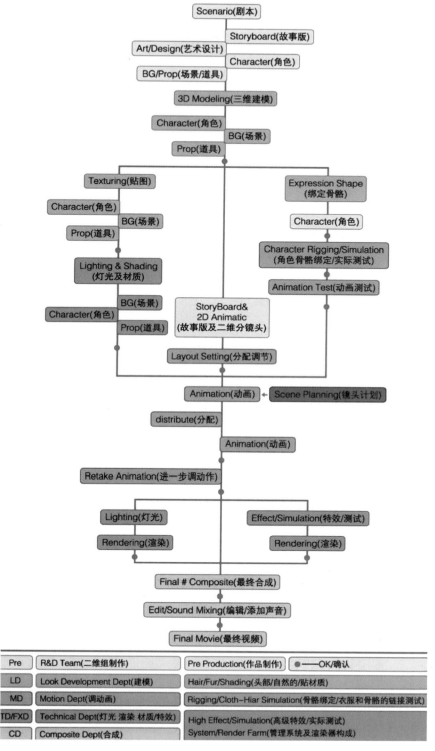

图 1-10

下面具体介绍三维动画项目的各个环节。

1. 文学剧本

文学剧本是动画片的基础,要求将文字表述视觉化,即剧本所描述的内容可以用画面来表现,不具备视觉特点的描述(如抽象的心理描述等)是禁止的。动画片的文学剧本形式多样,如神话、科幻、民间故事等,要求内容健康、积极向上、思路清晰、逻辑合理。

2. 分镜头剧本

分镜头剧本是把文字进一步视觉化的重要一步,是导演根据文学剧本进行的再创作,体现导演的创作设想和艺术风格,分镜头剧本的结构(图画＋文字),表达的内容包括镜头的类别和运动、构图和光影、运动方式和时间、音乐与音效等。其中每个图画代表一个镜头,文字用于说明如镜头长度、人物台词及动作等内容,如图1-11所示。

图　1-11

3. 人物设定

咕咙咙:龙族中的天才少年,8岁,能文能武,能说能讲,侠肝义胆,古道热肠,勤奋好学,好为人师。(草绿色)

咕哩哩:漂亮的粉红猴子,6岁女孩,美丽善良,精灵古怪。(粉红色)

咕噜噜:胖乎乎的小牛,7岁男孩,好奇心极强,热爱冒险,好胜不服输。(红色)

咕叽叽:傲慢耍酷的浣熊,8岁男孩,个性强,逆反心理重,善用求异思维,爱讲冷笑话。(棕色)

各个人物如图 1-12 所示。

图　1-12

4. 造型设计

造型设计包括人物造型、动物造型、道具造型等，设计内容包括角色的外形设计与动作设计。造型设计的要求比较严格，包括标准造型、转面图、结构图、比例图，如图 1-13 所示。

图　1-13

5. 三维角色建模

根据二维的人物设定图稿，制作出相应的三维模型，如图 1-14 所示。

图　1-14

6. 三维角色材质贴图

根据二维的人物设定图稿，绘制出人物的材质与贴图，如图 1-15 所示。

7. 三维角色绑定

根据人体的骨骼结构，对人物创建虚拟骨骼系统，以便于后期制作动画，如图 1-16 所示。

图　1-15

图　1-16

8. 三维角色动画制作

用绑定好的人物模型和提供的二维分镜对角色做分镜上的动画,如图 1-17 所示。

图　1-17

9. 后期合成

用已做好的人物动画和场景,渲染输出动画序列图片,利用 AE 软件进行特效合成制作,利用剪辑软件 EDIUS 进行影片剪辑和配音,最后输出视频影片,如图 1-18 所示。

1.2.3　绑定合理的标准

绑定是在赋予静止的模型动的能力,动画师才是真正让角色动起来的人。绑定的要求其实相当高,由于是中间环节,起到承上启下的作用,首先对于模型环节是个检验,其次则要满足动画环节的需求。

图　1-18

　　具体来说,合格的绑定工作必须保证模型实现合理的运动方式,合理的变形效果,例如人物角色动起来,如果身体的运动变化不符合生物解剖和运动规律的话,肯定是不合格的。还必须满足动画师们苛刻的要求,另外对于动作的简便性、灵活多变性都有各种各样的要求,一个完善的绑定将可以应付多种多样的需求,也必定是一项复杂的工程。

　　我们所做的工作应该能够方便动画师做动画。那么,符合运动规律应该是评判绑定是否合格的首要标准,此外,还要检查控制器、层级结构和权重是否符合要求。

1. 运动规律

　　如果是角色类绑定,应符合角色动画原理;如果是机械类绑定,应符合机械原理;如果是生物植物绑定,应符合生长规律。总之,要让它们动起来后看上去真实可信,如图 1-19 所示。

图　1-19

2. 控制器

控制器如图 1-20 所示。通常需要如下设置:

图　1-20

控制器能够正确控制物体运动。
控制器与被控制器的轴向相同。
控制器创建好后需要冻结变换属性清零,清除物体历史记录。
保留控制器需要 Key 动画的属性,锁定并隐藏无用的属性。

3. 层级结构

文件场景中出现的所有物体都要进行规范命名,尤其是骨骼和控制器,如图 1-21 所示。

图 1-21

4．权重

权重过渡均匀、细致，角色关节位置权重符合生理特征，如图 1-22 所示。

图 1-22

1.2.4 绑定涉及知识领域

绑定是 CG 领域比较难的模块，要求也比较多。绑定不仅要满足动画师的需求，更重要的是，要对角色的运动力学和解剖结构非常了解，通过技术手段实现合理的变形。所以很多绑定师最后都成为了 TD(技术支持)或 R&D(研发)。在欧美的很多工作室中,绑定技术也属于核心资产,非常重要,一般不会外泄。

作为一个逻辑性要求很高的工作,非常适合擅长钻研技术问题的人。绑定工作涉及运动解剖学、机械结构、物理力学、数学、计算机编程等领域,如图 1-23 所示。因为我们可能会和任何物体打交道,所以可能需要去研究很多未知的领域,但是最重要的一点是,需要具备对结构和运动特征的理解概括能力,这是一个绑定工作从业者的基本素质。

图　1-23

1.2.5　Maya 软件绑定环节的工具概况

由于每个三维动画软件都有其自身的绑定模块和众多工具,这里针对 Maya 软件介绍绑定环节的工具概况。

从 Maya 2016 版本开始,将绑字从动画模块中分离出来,作为独立的装备模块,这里的装备就是我们通常所说的绑定。Maya 软件的装备模块菜单和绑定相关的主要有 5 个,分别是骨架、蒙皮、变形、约束、控制,如图 1-24 所示。由此可见绑定环节的复杂性和重要性,我们往往还会根据项目的实际需要开发一些工具菜单来满足更多的特殊需求。

图　1-24

1.3 角色绑定基础

在角色绑定学习之前,我们要先来学习角色绑定将要用到的绑定基础概念及命令:组的概念、父子关系、大纲视图、骨骼系统、FK 与 IK、约束系统、蒙皮系统、变形器系统。

1.3.1 组的概念

组是一些物体的集合,其作用主要有两方面:一是整理数据以方便数据管理,二是物体分组后,可以使用组来控制组内的物体。

分组命令的菜单位置:"编辑"菜单下的"分组"命令。创建分组的快捷键是 Ctrl+G,如图 1-25 所示。

图 1-25

物体分组后移动分组,分组中的物体会随之移动,但是只有分组的变换节点数值发生变化,分组内物体的变换节点的数值不发生变化。

在绑定的过程中,有时会用到空组的概念。所谓空组,就是在不选择任何物体的情况下创建的分组。分组的物体都是作为一个空组的子物体存在的,执行"创建"菜单中的"空组"命令即可创建空组。如果已经创建的组不需要了,可以将组进行解组:在大纲视图中选择需要分解的组,执行"编辑"菜单下的"解组"命令即可。

1.3.2 父子关系

父对象这个命令很形象,其作用就是在选择的对象之间创建父子关系。父子关系创建以后,所有的子物体跟随父物体变换(移动、旋转、缩放),也就是一种控制与被控制的关系(两个物体形成父子关系后,父物体发生空间上的变化,子物体也会随之变化)。

创建父子关系时,无论有多少对象,最后选择的对象为父物体。一个物体可以有多个子物体,但是子物体只能有一个父物体。创建了父子关系后选择父物体时,会将父物体层级下的子物体一并选中。

父子关系可以通过下面这个例子理解:小红帽拎着一篮水果去看望她的奶奶,这时小红帽就是父物体,篮子和水果就是子物体。小红帽从自己家里走到奶奶家里,篮子和水果也同时被带到了奶奶家里。小红帽相对于她的上一个层级——地球——来说,发生了位移,而篮子里的水果相对于它的上一个层级——小红帽,没有发生位移,相对地球发生了位移,如图 1-26 所示。

通过上面的例子可知：子物体跟随父物体变换，父物体本身的属性（移动、旋转、缩放）发生了变化，在通道栏中的属性也有了数值。而子物体相对父物体没有发生变换，只是跟随父物体，所以子物体本身的属性没有发生变化。

图　1-26

在绑定中，父子关系的应用非常频繁，父子关系的操作简单，而且父子关系创建后，子物体既可以跟随父物体变换，也可以自身随意变换，这就为很多问题提供了解决的方法。

父对象命令的位置为"编辑"菜单中的"父对象"（父子关系）命令。父对象的属性窗口如图 1-27 所示。

图　1-27

【参数说明】

"父对象方法"有如下两种方式。

（1）移动对象：如果要父化的子对象就是一个群组或者某一个父物体的子物体，单击选中移动对象，重新父化时，子对象将从原群组或者原父物体中移出来，作为新的父物体的子物体。

（2）添加实例：如果要父化的子对象就是一个群组或者某一个父物体的子物体，单击选中添加实例项重新父化时，原来的子对象仍为原群组或者原父物体的子物体，但 Maya 会创建子物体替代物体，作为新的父物体的子物体。

保持位置：选中该选项，创建父子关系时，Maya 会保持这些对象的变换矩阵和位置不变，该选项默认是开启的。

[提示]

（1）组和父子关系的区别。

成组后的物体，组的坐标在世界坐标中心，而父子关系的物体坐标就是父物体的坐标。

（2）组和父子关系的继承问题。

当子层级物体从父层级脱离出来，会继承父层级的变换节点的信息。

1.3.3　大纲视图

大纲视图会列出场景中所有类型对象的名称和层级关系，相当于 Windows 中的资源管理器。可以对大纲视图中的对象进行父子关系、群组等操作。大纲视图中列出的对象都有相应的图标，图标后面是对象的名称，在名称上双击可以重新修改对象的名称。在绑定中通常使用大纲视图进行物体的选择、查看、整理层级、为对象命名等操作。执行"窗口"菜单中的"大纲视图"命令就可以打开"大纲视图"窗口。也可以单击 Maya 左侧栏中的 图标的打开"大纲视图"窗口，如图 1-28 所示。

图　1-28

1.3.4　骨骼系统

Maya 提供的骨骼系统，如图 1-29 所示。类似人体的骨骼，可以通过骨骼对表层的模型（可以看成人的皮肤）进行控制，通过旋转骨骼来改变模型的形状。

图　　1-29

骨骼能使用户创建层级式的、关节变形效果。在"骨架"菜单中,用户可以创建骨骼设置的各种命令。骨骼是进行绑定操作中最基础的知识,本节将介绍骨骼的创建、编辑、控制的主要命令及使用方法。

1. 什么是骨架

骨架是分层级的有关节的结构,用于绑定模型的姿势和对绑定模型设置动画。骨架提供了一个可变形关节,其基础结构与人类骨架提供给人体的基础结构相同,如图 1-30 所示。

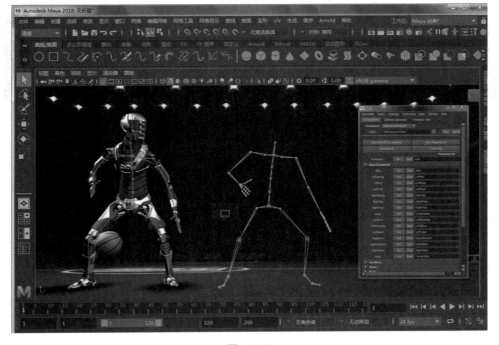

图　　1-30

骨架是用来为角色设置动画的基础关节和骨骼层级。每个骨架都有若干父关节和子关节以及一个根关节。骨架层级中的父关节是指下面有其他关节的关节。例如,肘部是腕部的父关节、肩部的子关节;根关节是骨架层级中的第一个或最上面的关节。

2. 骨骼的基本属性

要进行绑定操作,第一步就是创建骨骼。骨骼不仅可用于控制人物、动物的肢体动作,还可以控制机械物体、链条、绳子等。要创建骨骼,需要到 F3 Rigging(绑定/装备)模块的面板当中执行"骨架"菜单下的"关节工具"命令进行创建。

在建骨骼之前,先分析一下骨骼的属性。打开关节工具后面的方块 ☐ 进入骨骼的属性当中,骨骼是有方向性的,`自由度: ✓ X     ✓ Y     ✓ Z` 和 `确定关节方向为世界方向:　　　` 两个方向是常用的。以默认方式自由度 XYZ 方式创建,X 轴指向关节延伸的方向,Y 和 Z 其实没什么意义;而选中"确定关节方向为世界方向:"复选框表示关节方向是和世界坐标轴一致的。

3. 创建骨骼

建立骨骼是使用关节和骨头建造层级关联结构的过程。一旦建立了骨骼,便可使用平滑蒙皮或刚体蒙皮为角色建立蒙皮。用户可以组合或者使物体成为关节和骨骼的子物体,并使用骨骼来控制物体的运动,如图 1-31 所示。

图　1-31

4. 关节和骨头

关节是骨骼中骨头之间的连接点。关节可带动骨头的移动、旋转和缩放。第一个建立的关节叫作根关节;下一级关节是根关节的子关节。

[提示]

在创建对称的肢体链骨骼时,要在场景坐标的原点开始创建,这样可便于创建带有对称部分的骨骼。

5. 关节链

关节链是一系列关节及其连接在关节上的骨头的组合。它的层级是单一的。关节链中的关节是线性连接的。关节链的"开始"关节是整个关节链中层级最高的关节,此关节是关节链的父关节。

当为角色创建关节链时，应考虑将如何使用 IK 手柄去定位关节链。可使用 IK 手柄定位具有少量的关节链，如图 1-32 所示。

图　1-32

当创建关节链时，应避免关节链在一条直线上。使用 IK 手柄在适当的角度稍微旋转关节就可以很容易地定位关节。

6. 肢体链

肢体链是一个或多个连接的关节链的组合，肢体是一种树状结构，其中的骨关节并不是线，如图 1-33 所示。

图　1-33

在创建带有对称性肢体链的骨骼时,要在场景的全局坐标原点开始创建(工作空间的中部),因为这样便于创建带有对称部分的骨骼。

7. 骨骼层级

根关节是骨骼中层级最高的关节。骨骼中只能有一个根关节。

父关节可以是骨骼中任意的关节,只要其下有可以被其影响的关节即可。被给出的位于父关节之下的关节称为子关节,如图 1-34 所示。

图　1-34

对于骨骼,不能局限于对它外观上的认识。本质上讲,骨骼上的关节定义了一个空间位置,而骨骼就是这一系列空间位置以层级的方式形成的一种特殊关系。可以将连接关节的骨头看作是这种关系的外在表现,粗的一端指明了上一级,细的一端指明了下一级,子一级的关节对上一级关节的变换具有继承关系。

8. Joint Tool

在使用 Joint Tool(关节工具)时,还可以进行进一步的设置,单击 Joint Tool 右侧的小方块,调出设置对话框,设置 Tool Defaults 标签下的 Joint Options(骨骼选项)下的 Degrees of Freedom(自由度),指定关节可以在 IK(反向运动学)使用期间围绕该关节的哪个局部轴进行旋转。系统默认值设置为三个坐标轴的旋转。

例如,取消选中 Y 轴,那么 IK 就不能控制 Y 轴的旋转,也可从通道面板中对相应的轴进行锁定来完成同样的功能。

1) Auto Joint Direction(自动骨节点方向)

设置骨节点坐标轴的方向,选项包括 none、xyz、yzx、zxy、xzy、yxz、zyx。

选择 None 创建骨节点坐标轴的方向和世界坐标轴的方向一致。

其余选项按照第一个坐标轴指向骨骼内部。也就是说,骨节点的第一个坐标轴指向它的子关节。

[提示]

如果有多个子关节,那么第一个坐标轴指向第一个被创建的子关节的骨节点。

2）Scale Compensate（缩放补偿）

当缩放骨骼父关节时,如果选中 Scale Compensate 选项,那么子关节不受父关节的缩放影响;取消选中该选项,子关节将受父关节的缩放影响。

3）Auto Joint Limits（自动关节限定）

Auto Joint Limits 用于在创建时自动限制关节的旋转角度（−360°～360°）。

4）Create IK Handle（创建 IK 手柄）

当创建骨关节或关节链时,IK 手柄即被创建。打开此项会显示 IK Handle Options 命令。此选项和 Animation 模块下 Skeleton_IK Handle Tool 命令 Tool Settings 的功能一致。关于这项功能详见 IK Handle Tool(IK 手柄工具)。

在 Joint Options 右上方单击重置工具（Reset Tool）命令可以回到默认状态。

可以调整骨骼和关节的显示尺寸,增大或减小骨骼和关节的显示尺寸,可以更容易地进行选择和编辑。

5）Joint Size（调整骨骼尺寸）

（1）在菜单选项中列出百分比参数,这些参数可以用来调整骨骼的显示尺寸。

（2）选择 Display（显示）菜单中的 Joint Size Custom（自定义骨骼大小）命令,可以用滑块来调节其他任意的百分比。

完成骨骼的创建之后,如需进一步编辑,Maya 还提供了一些方便的工具。

9. Insert Joint Tool

如果建立骨骼中的关节数不够或者需要增加骨骼,使用 Insert Joint Tool（插入关节工具）可以在任何层级的关节下插入关节。

[提示]

插入关节应在添加 IK 手柄和蒙皮之前完成。如果要插入带有 IK 手柄的关节,要重做 IK 手柄。

（1）选择 Skeleton（骨架）菜单中的 Insert Joint Tool 命令。

（2）单击选择要插入关节的父关节（Root Joint）。

（3）按住鼠标左键,拖动指针到要添加关节的地方。

（4）当插入关节完以后,按下 Enter 键完成插入。也可以选择其他工具。

10. Remove Joint Tool

除根关节外,使用 Remove Joint Tool（移除关节）可以移除任何一个关节。

（1）选择要移除的关节（一次只能移除一个关节）。

（2）选择 Skeleton（骨架）菜单中的 Remove Joint Tool 命令。

去除当前关节后不影响它的父一级和子一级关节的位置。

11. Disconnect Joint

使用 Disconnect Joint(断开关节)可以断开除根关节外任何的关节和关节链。将一段骨骼分为两段骨骼。

(1) 选择要断开的关节。

(2) 选择 Skeleton(骨架)菜单中的 Disconnect Joint Tool 命令。

[提示]
> 如果断开带有 IK 手柄的关节链,那么 IK 手柄将被删除。

12. Connect Joint

通过连接关节或骨骼链连接关节来结合成一个骨骼。

选择 Skeleton_Connect Joint Tool 命令,打开 Connect Joint Options 视窗。在 Mode(模式)下进行以下操作。

1) 当选中 Connect Joint(直接连接关节)模式时

(1) 单击要成为其他骨骼肢体链的一个关节的根关节 B。

(2) 按住 Shift 键,在另一个骨骼中选择根关节以外的任何一个关节 A。

(3) 选择 Skeleton(骨架)菜单 Connect Joint Tool 命令,打开 Connect Joint Options 视窗。

(4) 选择 Connect Joint(连接关节)模式,单击"连接"按钮。

(5) 可以看到,被结合骨骼的根关节 B 朝结合的关节 A 移动进行连接,会得到 C 的效果,如图 1-35 所示。

图　1-35

2) 当选中 Parent Joint(将关节设为父子关系连接)模式时

(1) 单击要成为其他骨骼肢体链的一个关节的根关节 B。

（2）在另一个关节链中，选择父关节或根关节以外的任何一个关节 A。

（3）选择 Skeleton（骨架）菜单中的 Connect Joint Tool 命令，打开 Connect Joint Options 视窗。

（4）选择 Parent Joint 模式，单击"连接"按钮。

（5）在 Parent 模式下，被结合与结合关节之间会自动产生一个新的骨头，骨节点的位置相对不变，得到 C 的效果，如图 1-36 所示。

图　1-36

13. Mirror Joint

Mirror Joint（镜像骨骼）工具用于镜像复制肢体骨骼。镜像复制的前提是所制作的骨骼是对称的形态。镜像时，关节、关节属性、IK 手柄（IK Handle）等都会进行镜像复制。

为一个角色创建骨骼时，镜像是非常有用的。例如，建立角色的左手和左臂，然后通过镜像来得到右手和右臂。

（1）Mirror Across（镜像平面）选择镜像时的参考平面。

（2）选择 Mirror Function（镜像功能）的 Orientation（方向）选项。关节的自身坐标轴同时也被镜像；若选择 Behavior（行为）选项，则只对选择的关节链的位置镜像，不考虑关节的自身坐标轴。

（3）单击 Mirror 或 Apply 镜像完成。

14. Reroot Skeleton

Reroot Skeleton 通过将所选择的骨节点设置成根关节，从而改变骨骼的层级关系。

（1）选择要重设的一个关节。

（2）调用 Skeleton（骨架）菜单中的 Reroot Skeleton 命令。

15. Set Preferred Angle

Set Preferred Angle（设置优先角度）可保证在 IK 定位和动画的过程中更加平滑地运动。

在骨骼中,每个关节的优先角度表明了在 IK 定位的过程中优先旋转的角度。例如,当创建一条腿时,应该创建关节,并且使它们在一条直线上,但在膝关节处应该有一个轻微弯曲,这一弯曲将是 IK 手柄定位关节的优先角度。

当建立了骨骼后,并准备添加 IK 手柄,要为骨骼设置优先角度。当为骨骼设置优先角度后再创建 IK 手柄,可以通过先选中骨骼,然后右击,选中"采用首选角度"选项来快速查看之前设置的优先角度。

(1) 先在关节处旋转出一个角度,选择骨骼链的根节点。

(2) 选择 Skeleton(骨架)菜单中的 Set Preferred Angle 命令。

(3) 再将骨骼还原成原始状态,现在 IK 就已经通过优先角度的设置知道了解算的方向。

1.3.5 FK 与 IK

设置骨骼运动的术语称为动力学,角色动画中的骨骼运动遵循动力学原理,定位和动画骨骼包括两种类型的动力学:正向动力学(FK)和反向动力学(IK)。

1. FK

FK 也称为前向动力学运动方式:由父层级关节的旋转带动子层级关节的位移。例如,篮球运动员运动中手握住球的动作,如图 1-37 所示。

图 1-37

FK 是指完全遵循父子关系的层级,用父层级带动子层级的运动。

FK 的优点是:计算简单,运算速度快。缺点是:需指定每个关节的角度和位置,而由于骨架的各个节点之间有内在的关联性,直接指定各关节的值很容易产生不自然或不协调的动作。

2. IK

　　IK 运动方式即由子层级关节的位移带动父层级关节的位移。例如,篮球运动员运动中甩臂投球动作,如图 1-38 所示。

图　1-38

　　IK,即反向动力学,利用 IK 控制骨骼动画就是通过定位下层骨骼的位置,由下而上影响上层骨骼。

　　与前向动力学正好相反,反向动力学是依据某些子关节的最终位置、角度,来反求出整个骨架的形态。它的特点是工作效率高,大大减少了需要手动控制的关节数目;缺点是求解方程组需要耗费较多的计算机资源,在关节数增多的时候尤其明显。由于是通过对末端关节位置反求得到整个骨架形态,因此在完成从上向下发力的动作,会产生非常奇怪的动态效果。

3. 线性 IK

　　线性 IK(IK Spline Handle)即 IK 样条线控制柄工具,它不是通过某一个控制柄对骨骼链产生影响,而是生成一条样条线,通过调整曲线形状来影响骨骼,因此也常将 IK 样条线控制柄简称为“线性 IK”。在学习 CV 曲线时,已经了解曲线的控制点是如何对曲线产生影响的,IK 样条线控制柄工具同样使用这种方式。

　　IK 样条线控制柄工具与 IK 控制柄工具同样都是使用反向动力学控制骨骼。不同的是,IK 控制柄工具一般是对两节骨骼产生作用,例如手臂、腿,它都能有效地进行控制。但当骨骼数较多时,IK 控制柄工具只能对某一个方向的弯曲进行控制,可控性就比较差,就不能满足如尾巴、脊椎、链条等这类长链骨骼的控制要求。恐龙尾巴的绑定就需要用到 IK 样条线控制柄工具进行控制,如图 1-39 所示。

　　反向动力学需要与正向动力学互相补充,才能更好、更快速地完成各种动画效果。下面介绍的 IK 控制柄工具和 IK 样条线控制柄工具,都属于反向动力学的范畴。

图 1-39

4. 了解 IK 手柄

它是将反向动力学运用在骨骼上的工具,并且让角色做关节运动。

Start Joint(开始关节)是 IK 手柄开始的地方。它可以是骨骼和根关节中任何一个层级以上的骨关节。

End Joint(结束关节)是 IK 手柄控制骨骼链和关节链的最后关节。它必须是骨骼开始关节层级以下的骨关节。

5. 末端效应器

根据系统的默认设置,末端效应器不显示,它位于结束关节的坐标轴上。如果需要,可以使末端效应器偏离结束关节的位置。

在 Outliner(大纲视图)或 Hypergraph(节点编辑器)中可以选择末端效应器。在 Outliner 里选择需要打开到结束关节才能进行选择。打开 Hypergraph 选择会容易一些。

(1) 在菜单栏里选择 Window(窗口)菜单中的 Hypergraph(节点编辑器)命令。

(2) 在键盘上,按 Insert(插入)键看到移动图标。

6. 创建和设置 IK 手柄

在 Maya 里的 Animation(动画)模块下,选择 Skeleton(骨架)菜单中的 IK Handle Tool 命令;显示 Tool Settings(工具设置);在 Tool Defaults 标签下,设置 IK Handle Option (IK 手柄选项)。

IK Handle Option (IK 手柄选项)设置选项如下。

1) Current Solver (当前解算器)

当前解算器的类型中包括 IkRP Solver 和 IkSC Solver。

选择 IkSC Solver 解算器将会创建一个 IK 单链手柄,它可以控制骨骼的整体位置和旋转。

选择 IkRP Solver 解算器将会创建一个 IK 旋转手柄,它可以控制骨骼的整体位置和旋转。

系统默认选项为 IkRP 解算器。

2) Autopriority(自动优先权)

在 Maya 中,IK 手柄始关节在骨骼层级中的位置设置 IK 手柄的优先权。默认设置为关闭状态。

3）Solver Enable（解算器功能）

此项功能在创建 IK 解算器时打开。默认设置为打开。

4）Snap Enable（捕捉功能）

在设置时,是否将 IK 手柄捕捉到 IK 手柄的末端效应器。默认设置为打开。

5）Sticky（粘贴）

可以使用其他手柄定位骨骼或直接变换、旋转、缩放关节时,IK 手柄将粘贴到它的当前位置和方向。默认设置为关闭。

6）Priority（优先权）

Priority 用来设置 IK 单链手柄的优先权。

7）POWeight（权重）

POWeight 设置位置和方向的权重。

单击 Reset Tool 按钮,回到默认状态。

7. 创建 IK 单链手柄

（1）选择 Skeleton（骨架）菜单 IK Handle Tool 命令。设置 IK Hand Option 下的 Current Solver 为 IK SC Solver。

（2）在场景里,单击要创建 IK 单链手柄要开始的关节。

（3）在要结束的关节单击,完成手柄的创建。

8. 介绍 IK 样条手柄

IK 样条手柄用来表现尾巴、脖子、脊骨、鞭子、蛇、胡须和触角等类似的物体。

1）创建 IK 样条手柄

（1）创建关节链。

（2）执行 Skeleton（骨架）菜单下的 IK Spline Tool（线性 IK 工具）命令。

（3）选择关节链的始关节,再选择关节链的终关节。

2）利用自定义曲线创建 IK 样条手柄

IK 样条手柄创建在骨骼链上,自动会创建一条曲线,如图 1-40 所示。

图　1-40

（1）利用建模工具中的曲线工具创建一条曲线。

（2）创建关节链。

（3）选择 Skeleton（骨架）菜单下的 IK Spline Tool（线性 IK 工具）命令。

（4）在 Tool Settings 复选框中，关闭 Auto Create Curve 选项。

（5）选择关节链的始关节。

（6）选择关节链的终关节。

（7）选择曲线。

3）扭曲和滚动关节链

（1）选择 IK 样条手柄。

（2）选择 Modify（修改）菜单中的 Transformation _ Show Manipulator 命令；也可以按 T 键。

（3）分别在开始关节和结束关节处显示圆形控制手柄。

（4）利用圆形控制手柄可对骨骼链进行滚动调节。

（5）可以对圆形控制手柄设置关键帧。

4）沿曲线滑动关节链

（1）选择 IK 样条手柄。

（2）选择 Modify（修改）菜单中的 Transformation _ Show Manipulator 命令，或按 T 键。

（3）在场景中显示位移控制器。

（4）拖动位移控制器沿曲线滑动关节。

5）IK 样条手柄前设置选项

在 Maya 里的 Animation（动画）模块下，选择 Skeleton（骨架）菜单中的 IK Spline Handle Tools 命令；显示 Tool Settings 显示；在 Tool Defaults 标签下，设置 IK Spline Handle Option（IK 样条手柄选项）。

（1）Root On Curve。

如果此项被打开，IK 样条手柄选项的始关节被是限制到曲线上。拖动位移控制器沿曲线滑动始关节。

如果将此项关闭，移动开始关节离开曲线，不会再被限制到曲线。

（2）Auto Create Root Axis。

自动创建始关节的根变换点，利用此点移动和旋转关节。当 Root On Curve 关闭时，可以打开 Auto Create Root Axis。

（3）Auto Parent Curve。

假如始关节有父物体，此选项将曲线作为父物体的子物体；因此曲线和关节将随父物体一起移动。

（4）Snap Curve To Root。

创建手柄自己的曲线，此选项影响手柄。

（5）Auto Create Curve。

此选项创建 IK 样条手柄需要用的曲线。

（6）Auto Simplify Curve。

此选项是设置自动创建曲线到设置 Number of Spans。注：段的数目对应于曲线中

CVS 的数目。该曲线具有主体的曲线度。仅当 Auto Create Curve 打开时，此项才起作用。仅当用户创建 IK 手柄时，才可在 Tool Options 多选框设置 AutoSimplify Curve。

（7）Number of Spans。

Number of Spans 用于设置曲线中 CVs 的数目。注：此选项仅当 Auto Create Curve 打开时才有效。

（8）Root Twist Mode。

此选项将 Power Animator IK 样条曲线打开。当用户在终关节转动操作器时，开始关节和其他的关节有轻微扭曲。关闭此选项，开始关节不扭曲。

（9）Twist Type。

扭曲的类型包括，Linear（线性均衡地扭曲所有的部分）、Ease In（在终点减弱内向扭曲）、Ease Out（在起点减弱外向扭曲）、Ease In Out（在中间减弱外向扭曲）。

1.3.6　约束系统

约束可将某个对象的位置、方向或比例约束到其他对象。另外，利用约束可以在对象上施加特定限制并使动画过程自动进行。

约束是通过某些数学方式或者逻辑方式，对物体的动画产生的一种控制或者形成的某种规则。通俗地讲，约束就是用一个物体限制另一个物体的运动。这样解释有些抽象，举一个简单的例子：如果要快速设置一个雪橇从崎岖小山上滑下的动画，那么首先可能要使用几何体约束将雪橇约束到曲面；然后，可使用法线约束将雪橇平置于曲面上；创建这些约束后，在山顶和山脚为雪橇的位置设置关键帧；然后动画就完成了。Maya 中提供了很多种约束效果，例如，点约束（控制位移属性）、方向约束（控制旋转属性）、缩放约束（控制缩放属性）、父对象约束（既控制位移属性又控制旋转属性）等，还有一些特殊的约束，如目标约束、法线约束、极向量约束等。

约束在制作角色绑定时十分必要，因为有些效果通过约束完成要比手动设置关键帧方便有效得多。它可以辅助我们创建一些有特殊要求的动画。

在角色动画制作中，Maya 主要提供了 9 种类型的约束，可以在 Rigging（绑字/装备）模块下的 Constrain（约束）菜单中调用这些约束工具，如图 1-41 所示。

图　1-41

1．父对象约束

创建父对象约束时先选择控制器或物体，再选择被约束物体，然后执行 Constrain 菜单下父对象约束命令。父对象约束主要是完成对被约束物体的位移和旋转的控制。

2．点约束

创建点（Point）约束时，先选择一个或多个目标物体，再选择被约束物体，然后选择 Constrain 菜单下 Point 命令。被约束物体会自动移动到目标物体的轴心点上，如果存在多个目标物体，则依照目标物体对被约束物体的控制权重来决定被约束物体的位置。

利用点约束主要就是完成对被约束物体的位置控制,它对被约束物体的方向没有影响。

3. 方向约束

方向(Orient)约束可以让一个或几个物体来控制被约束物体的方向,被约束物体只是跟随目标物体的转动而转动,本身的位置不受影响。当存在多个目标物体时,被约束物体的方向按目标物体所施加的影响力取它们的平均值。

创建方向约束,选择目标物体和被约束物体,选择 Constrain 菜单下的 Orient 方向约束命令。

4. 缩放约束

缩放(Scale)约束使得被约束物体的缩放跟随目标物体的缩放,当遇到要使多个物体进行相同方式或比例的缩放时,可以利用缩放约束来简化操作。另外对于有特殊的动画需求,缩放约束也能提供一种良好的解决方案。

创建缩放约束时,选择目标物体和被约束物体,再选择 Constrain 菜单下的 Scale 命令。

5. 目标约束

目标(Aim)物体能约束物体的方向,使被约束物体总是瞄准目标物体(如舞台灯光),或跟踪摄影机等对于目标的跟随,在角色设定中的主要用途是作为眼球运动的定位器。

要创建目标约束,应先选择一个或多个目标体,再同时选择被约束物体,选择 Constrain 菜单下的 Aim 命令。

被约束物体方向的确定是由两个向量来控制的,分别是目标向量(Aim Vector)和向上向量(Up Vector)。在创建目标约束时,应从目标约束选项当中进行设定,设定时要注意物体的轴向。

6. 极向量约束

极向量(Pole Vector)约束使得极向量终点跟随目标体的移动,在角色设定中,胳膊关节链的 IK 旋转平面手柄的极向量经常被限制在角色后面的定位器上。在一般情况下我们运用极向量约束是为了在操纵 IK 旋转平面手柄时避免意外的反转,当手柄向量接近或与极向量相交时,反转会出现,使用极向量约束可以让两者之间不相交。

创建极向量约束时,选择一个或多个目标物体(一般是简单几何形或定位器)已经所要约束的 IK 旋转平面手柄,然后选择 Constrain 菜单下的 Pole Vector 命令。

7. 几何体约束

几何体(Geometry)约束可以将物体限制到 NURBS 表面,NURBS 曲线或多边形表面上,被约束物体的位置被一个或多个目标物体的最近表面位置驱动。

要创建几何体约束,应选择目标物体和被约束物体,选择 Constrain 菜单下的 Geometry 命令。

8. 法线约束

法线(Normal)约束可约束对象的方向,以使其与 NURBS 曲面或多边形面(网格)的法线向量对齐。当对象在具有唯一、复杂形状的曲面上移动时,法线约束很有用。如果没有法线约束,在曲面上移动对象或设置其动画可能会很乏味且耗时。例如,可能需要让一滴眼泪沿角色的脸落下。可以将眼泪约束到脸的曲面,而不是直接设置眼泪的动画。制作滑雪的场景、物体在水面漂浮的场景等,都可以考虑使用法线约束。

创建法线约束,选择目标物体和被约束物体,选择 Constrain 菜单下的 Normal 命令。

通常情况下,法线约束和几何体约束是搭配使用的,由几何体约束控制物体在表面上的位置,由法线约束来控制物体在表面上的方向。

9. 切线约束

切线(Tangent)约束可约束对象的方向,以使某个对象沿曲线移动时,该对象始终指向曲线的方向。曲线提供对象运动的路径,对象会调整自身的方向以指向曲线。切线约束用于使对象跟随曲线的方向,例如过山车会跟随轨迹的方向。如制作汽车的轮胎在沿曲线转弯时可以利用切线约束来表现合理的运动。

切线约束也经常和几何体约束一起搭配使用。

创建切线约束时,选择目标曲线和被约束物体,选择 Constrain 菜单下的 Tangent 命令。

注意观察物体沿曲线运动时,X 轴向始终同曲线的切线方向相同。

1.3.7　蒙皮系统

1. 蒙皮

蒙皮是设置角色的模型以便可通过骨架对角色进行变形的过程。通过将骨架绑定到模型,可对模型设置蒙皮,如图 1-42 所示。可通过各种蒙皮方法将模型绑定到骨架,也可以使用间接蒙皮方法,即将晶格或包裹变形器与平滑蒙皮结合使用。蒙皮是使骨骼与模型产生控制与被控制关系的命令。

图　1-42

1)将模型绑定到骨骼上

完整的骨骼系统创建完成后,下一步就是用这套骨骼系统控制模型,从而实现模型的运动。为了实现这一目的,需要在骨骼与模型之间建立起联系并对模型进行精确控制,这正是蒙皮系统(蒙皮与权重)需要解决的问题。这就需要将模型绑定到完成的骨骼上,绑定模型到骨骼上,就是使模型上的点和骨骼上的关节产生联系,这样就产生了由控制点组成的皮肤簇。作为皮肤的模型是通过三种关系同骨骼联系在一起的。

(1)继承关系(Parenting)。

对于刚性的机械结构,如轴接类的角色,或者生物表面不需要变形,通过一个关节就可以进行控制的部分,我们可以通过子父级关系,将模型的各个部分直接指定给相应的关节成为子物体,通过父子级之间的变换继承的关系,将关节的变化转变成模型的变化。

(2) 间接绑定(Indirect Binding)。

对于表面不易控制的物体,或为了精简控制点的数量,可以采用间接绑定的方式将模型和骨骼相联系。

间接绑定包括晶格蒙皮和包裹蒙皮。

① 晶格蒙皮。先用晶格变形器控制模型的表面,然后将晶格绑定到骨骼,从而实现骨骼对于模型的间接控制。

② 包裹蒙皮。利用包裹变形对模型进行控制,例如将低分辨率物体作为包裹体来控制高分辨率的模型,再将包裹体绑定到骨骼,从而达到精简控制点数量的目的。

(3) 直接蒙皮(Direct Banding)。

直接蒙皮通过平滑蒙皮直接将模型和骨骼相联系的方式。

(4) 平滑蒙皮。

平滑蒙皮通过创建交叠的簇来控制关节处的点,交叠点的权重依赖于哪个骨节施加更大的影响,通过编辑权重可以控制各骨节对于交叠点的影响力,从而使得关节处的变形达到设想的要求。

角色创建骨骼,并为骨骼添加控制器,使之成为一套完整的骨骼控制系统。创建骨骼是为了用骨骼控制模型,使角色动起来。现实中的人体,骨骼外面包裹着脂肪和肌肉,身体的表层才是皮肤。在 Maya 中,模型相当于人体的皮肤,而骨骼与皮肤之间是空的,没有任何介质,为此 Maya 设置了蒙皮的方式将骨骼和模型联系起来,使骨骼能够控制模型。

2) 蒙皮方式

Maya 2018 版本软件中的蒙皮方式有两种:平滑绑定蒙皮和交互式蒙皮绑定,如图 1-43 所示。

图　1-43

1) 平滑绑定蒙皮

对角色蒙皮通常使用平滑绑定,这样得到的效果会比较平滑,而且便于编辑权重。

2) 交互式蒙皮绑定

自 Maya 2013 版本软件升级后新增加的一项蒙皮方式。当使用交互绑定时,Maya 会为每个绑定关节分别创建一个体积操纵器。默认情况下,这些操纵器的形状类似胶囊,通过调整其形状、长度以及在视图中的位置,可以定义每个操纵器所影响的模型网格区域。

打开"交互式蒙皮绑定选项"(Interactive Skin Bind Options)窗口。

(1) 关节层级(Joint Hierarchy)。

选定可变形对象将被绑定到从根关节到以下骨架层级的整个骨架,即使选择了某些关节而不是根关节。绑定整个关节层级是绑定角色蒙皮的常用方法。

这是默认设置。

（2）选定关节（Selected Joints）。

选定关节指定选定可变形对象将仅被绑定到选定关节，而不是整个骨架。

（3）对象层级（Object Hierarchy）。

对象层级选定可变形几何体被绑定到选定关节或非关节变换节点的整个层级，从顶部节点到整个节点层级。如果节点层级中存在任何关节，它们也被包含在绑定中。通过该选项，可以绑定完整的几何体片到节点，如组或定位器。

[提示]

> 当使用"对象层级"（Object Hierarchy）选项时，可以仅选择无法蒙皮的关节或对象（例如，组节点或定位器，而不是几何体片）作为绑定中的初始影响。

（4）在层级中最近（Closest In Hierarchy）。

在层级中最近指定关节影响是基于骨架层级。这是默认设置。

在角色设置中，此方法可以防止不恰当的关节影响。例如，该方法可避免致右大腿关节影响左大腿上的邻近蒙皮点。

（5）最近距离（Closest Distance）。

最近距离指定关节影响仅基于与蒙皮点的近似。当绑定蒙皮时，Maya 会忽略骨架层级。

在角色设置中，该方法可能会导致不恰当的关节影响，如右大腿关节影响左大腿上的邻近蒙皮点。

（6）热量贴图（Heat Map）。

热量贴图使用热量扩散技术分发影响权重。基于网格中的每个影响对象设定初始权重，该网格用作热量源，并在周边网格发射权重值。较高（较热）权重值最接近关节，向远离对象的方向移动时会降为较低（较冷）的值。

如图 1-44 所示，比较了使用三种不同绑定方法指定给角色左臂关节的默认权重。

（7）包括方法（Include Method）。

包括方法允许确定如何包含顶点在初始交互式绑定操纵器内。从下列选项中选择：

最近距离　　　在层次中最近　　　热量贴图

图　1-44

- 最近体积（Closest Volume）。基于网格体积创建初始操纵器，以基于它们与体积中心的距离包含顶点。
- 按最小权重（By Minimum Weight）。基于给定"最小权重"（Minimum Weight）创建初始操纵器。选择该选项后，可以在"最小权重"（Minimum Weight）字段指定一个权重阈值，以便只有具有比该值更大的权重值的顶点将被包含在操纵器中。

（8）最小权重（Minimum Weight）。

如果选择"按最小权重"（By Minimum Weight）作为"包括方法"（Include Method），则允许指定权重阈值来确定要包含的顶点。仅将具有比该值更大默认权重值的顶点被包括在操纵器中。默认值为 0.25。

（9）体积类型（Volume Type）。

体积类型选择要创建"胶囊"（Capsule）或"圆柱体"（Cylinder）的操纵器形状。

（10）经典线性（Classic Linear）。

经典线性将对象设定为使用经典线性蒙皮。如果希望使用基本平滑蒙皮变形效果，使用该模式，产生的效果与 Maya 以前版本中的效果一致。该模式允许产生体积收缩和收拢变形效果。

如果将网格设定为线性蒙皮，那么在受到轴上扭曲关节影响的区域会产生体积丢失。

（11）双四元数（Dual Quaternion）。

双四元数将对象设定为使用双四元数蒙皮。如果希望在绕扭曲关节变形时保持网格中的体积，则使用该方法。

如果将网格设定为使用双四元数蒙皮，将保持体积，即使该体积受到轴上扭曲关节的影响。

（12）权重已混合（Weight Blended）。

权重已混合将对象设定为经典线性和双四元数的混合蒙皮，该混合蒙皮基于绘制的逐顶点权重贴图。

（13）最大影响（Max Influences）。

最大影响指定可影响平滑蒙皮几何体上每个蒙皮点的关节数量。默认值为 5，这将为大多数角色生成良好的平滑蒙皮结果，还可以指定衰减速率（Dropoff Rate）来限制关节影响的范围。

（14）保持最大影响（Maintain Max Influences）。

保持最大影响启用时，任何时候平滑蒙皮几何体的影响数量都不得大于"最大影响"（Max Influences）指定的值。

例如，如果"最大影响"设定为 3，然后为第四个关节绘制或设定权重，则会将其他三个关节其中一个的权重设定为 0，以保持由"最大影响"指定的权重影响总数量。

该功能将权重的再分布限制于特定数目的影响，同时确保主关节是权重的接收关节。

[提示]

如果在"属性编辑器"（Attribute Editor）中启用"保持最大影响"，蒙皮权重不会修改，直到单击"更新权重"（Update Weights）来重新指定。

2. 权重

对角色进行平滑绑定蒙皮，可以使模型得到较为平滑的蒙皮效果，但是会存在模型变形过大或变形错误的问题，这就需要通过修改权重的方法来达到想要的效果。什么是权重呢？简单地说，权重就是骨骼对模型点的影响力度。那么如何来控制权重呢？通常可以使用绘画权重、精确编辑权重和添加影响物体修正权重方法来编辑平滑蒙皮的权重。

1）绘画权重法（绘画蒙皮权重工具）

对模型的蒙皮权重进行修改，需要选中该模型，然后执行"蒙皮"菜单"权重贴图"下"绘画蒙皮权重"命令。这时鼠标会变为画笔模式，如图 1-45 所示。

图 1-45

一般情况下，绘制权重时都需要打开"蒙皮"菜单"权重贴图"下"绘画蒙皮权重"的"设置"面板，对笔刷、骨骼等进行详细设置。

如果需要针对某关节骨骼的权重进行设置，在影响卷展栏下有绑定的关键列表，可以选择对应的关节，如图 1-46 所示。

图 1-46

绘制权重之前,还需要了解权重显示方式才能对权重值进行适当的修改。当选中某一节骨骼时,模型中受这节骨骼影响的区域会以白色的方式显示,代表权重值较高;不受这节骨骼影响的区域会以黑色的方式显示,代表权重值较低;灰色部分是这节骨骼影响范围的过渡区域,即这部分模型上的点部分受到这节骨骼的影响。

除了以黑白方式显示外,Maya还提供其他显示权重方式的显示,在渐变卷展栏中可以对显示方式进行设置,如图1-47所示。

图 1-47

2) 精确编辑权重法(组件编辑器)

编辑角色权重时,一定要清楚有哪些骨骼对所编辑部位产生影响,用这些骨骼分配该部位的权重,如果这个部位的权重受到其他骨骼的影响则会导致权重混乱,影响动画效果。角色不同部位的运动范围是不同的,编辑权重时要从多个角度进行,例如,躯干、肩部、大臂、手腕、颈部都需要对前后左右四个方向的权重进行编辑,确保每个方向都有光滑的弯曲效果。

有时会出现个别点,无论使用笔刷如何修改,也很难达到理想权重效果的情况,Maya也提供了针对这个物体的相应工具——组件编辑器。

选中模型,切换到点模式,选中某些点后,执行窗口菜单通用编辑器下的组件编辑器命令,打开组件编辑器,切换到平滑蒙皮标签下,如图1-48所示。

图 1-48

在组件属性编辑器中，可以清楚地看到每节骨骼在每个点上的权重值大小。例如"vtx[483]"主要受到 remlin_LeftForeArm 骨骼的影响，权重值为 0.445，同时轻微受到其他骨骼的影响。如果希望这个点只受到 remlin_LeftForeArm 骨骼的影响，可以选中影响权重值单元格，调节表格下方的滑块值为 1，就对权重值进行了修改。

3）添加影响物体修正权重

添加影响物是为已经蒙皮的模型添加新的影响物体（Polygon 物体、NURBS 物体、joint 等），新添加进来的物体与之前的影响物体同时起作用。

在对权重进行修正后，解决了手肘内部的凹陷问题。但真实的手臂在弯曲过程中，肘部外侧因为骨骼的存在，会突出一个明显的骨点。要实现这种效果，就需要为模型添加影响物体。

先打开"蒙皮"→"编辑影响"→"添加影响"命令的选项设置面板，了解相关参数设置，如图 1-49 所示。

图　1-49

（1）几何体：默认选中。选中时可以使用几何体作为影响物体，并且多边形的位移、旋转、缩放等效果也会对模型产生影响。

（2）衰减：与平滑绑定中衰减属性功能一致。

（3）多边形平滑度：指多边形影响物体对模型影响的采样数值。

（4）NURBS 采样数：指 NURBS 影响物体对模型影响的采样数值。

（5）权重锁定：选中该选项就不可以手动绘制影响物体权重，而是通过默认权重统一设置。

绘制权重是一项需要耐心和细心的工作，希望读者能够多加练习，这样才能更快、更熟练地掌握。

1.3.8　变形器系统

变形器（Deformer）是可用来操纵（建模时）或驱动（设置动画时）目标几何体的低级别

组件的高级工具。在其他软件包中,术语为修改器或者空间扭曲。

变形器可以在任何可变形对象上创建变形效果。可变形对象是其结构由控制点定义的任何对象。控制点包括 NURBS 控制顶点(CV)、多边形顶点、NURBS 曲线、NURBS 曲面、多边形网格和晶格,它们全部都是可变形对象。

1. Maya 中的变形器类型

使用 Maya 的变形系统功能,用户可改变物体的几何形状。Maya 包括下列类型的变形。

混合变形(Blend Shape):使用混合变形可以使一个物体的形状逐渐转变为其他物体的形状。

晶格变形(Lattice):使用晶格改变物体的形状。

簇变形(Cluster):使用簇变形,用户可使用不同的影响力来控制物体的点(CVs、顶点或晶格点)。

弯曲非线性变形(Bend):使用此命令可沿圆弧弯曲物体。

扩张非线性变形(Flare):使用此命令可沿两条轴扩张或细化物体。

正弦非线性变形(Sine):使用此命令可沿正弦曲线改变物体的形状。

挤压非线性变形(Squash):使用此命令可压缩或拉伸物体。

螺旋非线性变形(Twist):使用此命令可使物体变为螺旋状。

波形非线性变形(Wave):使用此命令可使用圆形正弦波来变形物体,并使物体产生波动效果。

抖动变形(Jiggle):使用此命令可以让运动物体在速度发生变化的同时产生变形效果。

造型变形(Sculpt):使用球形影响物体变形物体。

线变形(Wire):线变形使用一条或多条曲线来变形物体。

褶皱变形(Wrinkle):综合线变形和簇变形产生褶皱效果。

包裹变形(Wrap):使用 NURBS 表面、NURBS 曲线或多边形网格来变形物体。

2. 什么是可变形物体、点和集合

变形器可在所有可变形物体上创建变形效果。

对于任何物体,只要它的结构由控制点所定义,就可作为可变形物体。

控制点(Control Point)包括 NURBS 控制顶点、多边形顶点和晶格点。NURBS 曲线、NURBS 表面、多边形网格和晶格都是可变形物体。为了方便起见,控制点通常简称为点,可变形物体的控制点通常被称为可变形物体点。

角色模型可由一个可变形物体组成(如,一个大的多边形面),也可由一组变形物体组成。当用户创建变形时,Maya 把所有的可变形物体点放置到一个集合(Set)中,称为变形集合(Deformer Set)。用户可对此集合进行编辑。

3. 节点、历史和变形顺序

我们可把 Maya 的场景当作一个节点网。每个节点由指定的信息和与信息相关的操作组成。每个节点都能以属性的方式接收、保持和提供信息。一个节点的属性可以与其

他节点的属性相连,从而形成节点网。当用户在 Maya 中工作时,Maya 在不断地创建、连接、计算和摧毁节点。无论何时,在工作空间所看到的结果是 Maya 对用户工作的节点网不断计算的结果。总之,在 Maya 中,用户所做的操作是以动态的、基于节点的体系结构为基础的。

4．变形顺序定义

Maya 计算变形的顺序称为变形顺序。在使用变形功能时,记清节点的顺序是非常重要的。一个变形所产生的变形效果在很大程度上取决于变形在节点历史中的位置,这是因为变形效果随着 Maya 计算变形顺序的不同而变化。

一般而言,用户可以对一个物体应用多个变形。由于变形效果取决于变形功能作用于物体的顺序,所以可创建多种效果。例如,一个 NURBS 圆柱,如果用户先创建弯曲变形再创建正弦变形,会得到一种效果;如果用户先创建正弦变形后创建弯曲变形,又会得到另一种不同结果。通常来讲,在系统默认设置下,变形功能作用于可变形物体顺序,也就是变形被创建时的顺序,先创建的变形先作用于原始形状,后创建的变形后作用于原始形状。

Maya 计算变形的过程是从创建节点开始,按序一直计算到最终的形状节点,节点的相互连接通常称为"变形链"。注意在创建一个变形后,用户可通过改变变形顺序来编辑变形节点的放置。

5．变形放置的类型

变形放置的类型如图 1-50 所示。

图　1-50

1) Default(默认放置)

使用默认放置,Maya 把变形器节点放置在形状节点的上游。默认放置与前置类似,除非变形作用于没有历史的形状节点上。在这种情况下,默认放置与后置相同。当用户使用默认放置为物体创建多个变形时,结果是一个变形链,变形链的顺序与创建变形的顺序相同。

2) Before(之前放置)

使用前置选项,在创建变形后,Maya 会立即将变形器节点放置在可变形物体的被变形形状(Shape)节点的上游。在物体的历史中,变形将被放置在被变形形状节点的前面。

3）After（之后放置）

使用后置选项，Maya 会立即将变形器放置在可变形物体变形形状节点的下游之后。用户可使用后置功能在物体历史的中间创建一个中间变形形状。注意使用后置时，物体的原始的形状不被隐藏。

4）Split（分割放置）

使用分离放置功能，Maya 把变形分成两个变形链。使用分离放置能同时以两种方式变形一个物体，从一个原始形状创建两个最终形状。

5）Parallel（平行放置）

使用平行放置，Maya 将把创建的变形和物体历史的上游节点平行放置，然后将现存上游节点和变形提供的效果混合在一起。平行混合节点（默认名：parallelBlendern），也就是把现存上游节点和新变形的效果混合在一起的节点，和新的变形节点一起将被放置在最终形状节点的前面。

当用户想混合同时作用于一个物体的几个变形的效果时，Parallel 放置是非常有用的。例如，如果对于一些物体，使用系统默认的设置创建一个弯曲变形，然后使用 Parallel 放置功能创建一个正弦变形，用户可直接控制每一个变形对物体的影响程度，混合每个变形的效果。

平行混合节点为每一个变形提供了一个权重通道。用户可编辑平行混合节点的通道。

6）Front Of Chain（前端放置）

Front Of Chain 放置选项仅作为混合变形的创建选项。混合形状变形的一个典型用途是在一个蒙皮角色上创建变形效果。Front Of Chain 放置能确保混合变形效果在蒙皮提供的变形作用之前作用于物体。如果作用顺序颠倒，当用户摆放骨骼姿势时，将出现不必要的双倍变形效果。使用 Front Of Chain 放置功能，在可变形物体的形状历史中，混合变形总是在所有其他变形和蒙皮节点的前面。

6. 其他变形器

其他变形器如图 1-51 所示。

1）Blend Shape（混合变形）

混合变形至少需要两个结构相似、形状不同的物体。使用混合变形后可以产生从一个形状到另一个形状的过渡效果。Blend Shape 的一种典型用法就是制作角色表情动画，先制作出一系列有表情的头部模型可以称为目标体，将混合变形添加到一个没有表情的头部模型上可以称为变形体，如图 1-52 所示。

混合变形调节 Window（窗口）菜单 Animation Editors（动画编辑器）下的 Blend Shape 通过拖动滑条调节变形，可以对角色的表情进行动画关键帧的设置。角色由默认表情变成微笑表情，如图 1-53 所示。

图 1-51

图　　1-52

2）Lattice 晶格变形

晶格变形由两部分组成：基础晶格和影响晶格，如图 1-54 所示。术语"晶格"一般指的是影响晶格。用户可以通过编辑或动画影响晶格来创建变形效果。晶格变形是基于基础晶格的晶格点和影响晶格的晶格点之间的差别上的。在系统默认设置下，将基础晶格隐藏，以便用户把注意力放在影响晶格的操作上。变形效果取决于影响晶格和基础晶格之间的关系。

图　　1-53

图 1-53（续）

基础晶格   影响晶格

图 1-54

如果物体完全处于基础晶格之外,那么它将不受变形影响。物体尽管可以受晶格影响而被移走,但基础晶格计算的仍然是最初物体所在的位置,如图 1-55 所示。

图 1-55

（1）编辑基础晶格。

当基础晶格不被选择时，是不可见的。用户可以移动、旋转或缩放基础晶格。然而，它与影响晶格不同的是，基础晶格没有晶格点。

（2）重设影响晶格点和去除扭曲。

① 重设影响晶格点。使用 Edit Deformers（编辑变形）菜单 Lattice（晶格）下的 Reset Lattice 命令。影响晶格产生了"空间变换"和"扭曲"，可以用 Reset Lattice 命令来清除对影响晶格所做的一切调整，使它恢复到基础晶格的位置和形状。

② 去除扭曲。使用 Edit Deformers（编辑变形）菜单 Lattice（晶格）下的 Remove Lattice Tweaks 命令。

当影响晶格产生了"扭曲"，可以用 Remove Lattice Tweaks 命令来使晶格点恢复到局部空间的原始位置。如果同时出现了"空间变换"，此命令没法同时使它恢复到基础晶格的位置和形状，如图 1-56 所示。

图　1-56

（3）晶格影响范围。

晶格变形的效果通常取决于物体是否在基础晶格（默认名为 ffdnBase）的内部。如果物体完全处于基础晶格的外部，那么没有变形影响。这是因为晶格变形基于基础晶格、影响晶格和物体在晶格内位置之间的空间关系计算影响效果。如果物体完全处于基础晶格的外部，那么 Maya 不能计算变形效果。同样，如果物体仅有部分处于晶格内，那么仅处于基础晶格内的元素（例如，CV 点）受影响晶格的影响。

3）Cluster 簇变形

一个簇变形创建一个组，组中的元素是由选择的点（NURBS 的 CV 点、多边形顶点或晶格点）组成。我们可以为每个点设置百分比权重，当使用"变换"工具（如移动、缩放、旋转）变换簇变形时，簇变形组中的点因权重的百分比不同，而发生不同程度的改变。

[提示]

　　在创建变形后，应该避免改变变形物体的数目（例如，CV 点、顶点或晶格点）。改变变形物体的数目可导致意想不到的结果。在开始使用变形前，应尽量满足可变形物体的拓扑结构。

例如，当门受到敲击时，用户可创建一个簇变形，使门的中间部分产生略微弯曲的变形效果。

要改变 Cluster(簇)变形效果,可以通过 Paint Set Membership Tool(绘制成员工具)来进行权重的绘制编辑。

(1) Add(添加):添加成员到指定变形器。

(2) Transfer(转移):如果物体上有多个变形器,Transfer 操作将绘笔扫过的 CV 点或顶点从当前所属变形器中移除,再将它们添加到指定变形器中。

(3) Remove(移除):Remove 操作将已绘画的 CV 点或顶点从它们所属的变形器中移除,被移除的可控制或顶点不再受任何变形或关节影响。

在绘制 Cluster 变形器后可以给每个成员设置一个百分值,控制 Cluster 变形器对成员点的变形影响力,这个百分值被称为权重。白色区域为完全受 Cluster 变形器影响的区域,黑色区域为不受影响区,灰色区域为影响过渡区,如图 1-57 所示。

图　1-57

要更改点的权重值,可以到 Window(窗口)菜单下 General Editors(常规编辑器)的 Component Editor(组件编辑器)中找到簇点权重值,通过拖动滑条来控制点的权重大小,如图 1-58 所示。

4) Create Deformers

创建变形菜单下 Nonlinear(非线性变形器)包括六个变形器,如图 1-59 所示。

(1) Bend。

使用 Bend(弯曲变形)将一个对象按圆弧均匀弯曲。可以加给整个对象,也可以加给对象局部,如图 1-60 所示。

【参数设置】

Envelope(系数):为 1 时影响变形;为 0 时,不影响。

图 1-58

图 1-59

图 1-60

Curvature（曲率）：设置弯曲的程度，可取正值也可取负值。正负值弯曲方向相反。
Low Bound（下限）：设置变形器沿自身轴向影响范围下限位置，此值为负值。
High Bound（上限）：设置变形器沿自身轴向影响范围上限位置，此值为正值。

（2）Flare。

Flare(扩张变形)变形器用来将变形对象指定轴向的两端进行不等比缩放,如图 1-61 所示。

图　1-61

【参数设置】

Start Flare X(开始扩张轴 X)：设置变形在下限位置沿自身局部坐标 X 轴的扩张或收缩的比例数值。

End Flare X(结束扩张轴 X)。

Curve(曲线)：设置在下限和上限之间过渡形式(扩张曲线的侧面形式)。

（3）Sin。

Sin(正弦)变形器使变形对象产生类似正弦曲线的变形效果,如图 1-62 所示。

图　1-62

【参数设置】

Amplitude(振幅)：设置正弦曲线的振幅(波起伏的最大值)。

Offset(偏移)：设置正弦曲线与变形手柄中心的位置关系,改变该值可创建波动效果。

Dropoff(衰减)：设置振幅的衰减方式。若值为负,则设置向变形手柄的中心衰减；若值为正,则设置从变形手柄中心向外衰减。

（4）Wave。

Wave(波形)变形器使变形对象产生环形波纹,从一个截面上看与 Sin 变形器的结果是一样的,但 Wave 沿环形变形,如图 1-63 所示。

【参数设置】

Amplitude(振幅)：设置波形的振幅(波起伏的最大值)。

Wavelength(波长)：设置沿变形的局部 Y 轴的正弦曲线频率。波长减小,频率值增

图　1-63

大；波长增大，频率减小。

　　Offset（偏移）：设置正弦曲线与变形手柄中心的位置关系。改变该值可以创建波动效果。

　　Dropoff（衰减）：设置振幅的衰减方式。若值为负，则可以设置向变形手柄的中心衰减；若值为正，则可以设置从变形手柄中心向外衰减。

　　Dropoff Position（衰减位置）：控制 Wave 变形时向内衰减还是向外衰减。若值为 0，则向外衰减；若值为 1，则向内衰减。

　　Min Radius（内径）：设置 Wave 变形器影响范围的最近距离，即变形内径。

　　Max Radius（外径）：设置 Wave 变形器影响范围的最远距离，即变形外径。

　　（5）Squash。

　　Squash（挤压变形）可挤压或拉伸对象。此变形器可以对整个对象操作，也可以对一个对象的局部操作，如图 1-64 所示。

图　1-64

【参数设置】

　　Factor（系数）：设置挤压或拉伸的系数。增加负值设置沿变形的局部 Y 轴挤压；增加正值设置沿变形的局部 Y 轴拉伸。

　　Expand（扩张）：挤压时设置向外的扩张值，拉伸时设置向内的压缩值。值为 0，不扩张，不压缩。默认值为 1.0000。

　　Max Expand Pos（最大扩张位置）：设置上、下限位置之间最大扩张点的位置。

　　Start Smoothness（初始平滑值）：设置下限位置的平滑数量（沿变形的局部负向轴）。

　　End Smoothness（终点平滑值）：设置上限位置的平滑数量（沿变形的局部负向轴）。

　　（6）Twist。

　　Twist（扭转变形）可扭曲对象的形状。此变形器既可以对整个对象操作，也可以对一个对象的局部操作，如图 1-65 所示。

【参数设置】

　　Start Angle（开始角度）：设置变形在对象的局部 y 轴负向下限位置的扭曲度数。

图　1-65

End Angle(结束角度)：设置变形在对象的局部 y 轴正向上限位置的扭曲度数。

[提示]

通用变形系数 envelope

　　所有的变形器都有一个名为 envelope 的参数，这个参数是个系数。在每个变形器参数控制的变形基础上乘以这个数就得到最终的变形结果。如果这个系数值为 0，就意味着这个变形器的所有参数都失效了。这个参数经常起到临时去掉某个变形器的参数的作用，因为只需要修改一个参数就可以将一个变形器的作用删除或恢复，所以使用起来很方便。

5) Jiggle

　　Jiggle(抖动)变形器可以让运动物体在速度发生变化的同时产生变形效果(如摔跤手腹部的抖动，头发的抖动，昆虫触角的振动)。

　　Jiggle 变形器可以应用于整个物体，也可以应用于指定的局部点。可使用 Jiggle 变形器的点(包括 CV 点)、晶格点或多边形与细分表面的顶点。可以为同一个物体建立两个或更多的抖动变形，也可以简单地在局部点上应用变形，然后调整权重，如图 1-66 所示。

图　1-66

（1）Stiffness（硬度）：设置抖动的硬度，取值范围为 0～1。

（2）Damping（阻尼）：降低弹性，较高的值会弱化抖动；较低的值会增加弹性。

（3）Weight（权重）：控制整体抖动的程度。

① Jiggle only when object stops：抖动仅发生在移动物体停止运动或静止物体开始移动时，物体移动过程中没有抖动。

② Ignore transform（忽略变换）：抖动变形器仅响应组元点的动画，而不响应物体变换节点的动画。

6）Sculpt

使用 Sculpt（雕塑变形）操作时，可使用内置的线框球或任何 Nurbs 物体作为影响物体。这个内置球形影响物被称为造型球，通过操纵影响物体可以修改变形对象的外形。

雕塑变形可以创建各种类型的圆形变形效果。例如设置角色的面部动画时，使用雕塑变形控制人物下巴，眉毛或面颊的动作。

雕塑变形模式包括 Flip（翻转）、Project（投影）、Stretch（拉伸），如图 1-67 所示。

图　1-67

7）Wire

Wire 变形用一条或多条曲线控制物体变形。简单的 Wire 变形用一条或多条 NURBS 曲线作为变形操作器来改变可变形物体的形状，如图 1-68 所示。

（1）创建简单的 Wire 变形。

新建一个场景，包括一个平面、一条曲线。

选择 Deform（变形）菜单下的 Wire Tool（线变形工具）命令。

在 Tool Settings（工具设置）窗口中单击 Reset Tool（重置工具）按钮。

关闭 Tool Settings 面板。此时注意光标变为"＋"字形，表示正在使用 Wire Tool。

选择变形对象并按 Enter 键。

选择曲线并按 Enter 键。

修改影响线，变形对象的形状会发生相应的变化，如图 1-69 所示。

图　1-68

（2）创建加限制线的 Wire 变形，如图 1-70 所示。

创建一个 NURBS 平面，包括一条曲线和一个圆环曲线。执行命令 Deform（变形）菜单下的 Wire Tool 命令，打开工具设置窗口，在 Tool Settings 窗口中选中 Holders，关闭 Tool Settings 面板，此时鼠标指针变为"＋"字形，表示正在使用 Wire Tool。选择变形对象并按 Enter 键，选择影响线并按 Enter 键，选择环形线并按 Enter 键；最后在工作空间空选，并按 Enter 键。

图　1-69

图　1-70

（3）编辑变形效果：执行"编辑变形器"菜单下的"线"命令，如图 1-71 所示。

（4）绘制线权重工具 Paint Wire Weights Tool ❑，如图 1-71 所示。

8）Wrinkle

褶皱变形工具 Wrinkle Tool ❑ 包括簇变形和一个或多个线变形，褶皱变形对于建立细致的褶皱效果是非常有用的。褶皱变形提供了线变形簇，可通过控制整个线变形簇或操纵单个线变形创建变形效果，如图 1-72 所示。

（1）选择一个或多个 NURBS 表面。

（2）选择 Deform_Wrinkle Tool 命令，NURBS 表面边缘显示出一个红色方框，方框上标有 UV 字样，表明当前直接新建 Winkle 变形器的影响区域。

图　　1-71

图　　1-72

（3）调整 UV 区域,用鼠标中键拖动红色方框每条边的中间可进行区域的缩放,用鼠标中键拖动角上圆点可旋转区域,用鼠标中键拖动 UV 区域中心可移动区域。

（4）按 Enter 键,在变形区域中心出现一个 Cluster 变形器操作手柄的标记 C。

9）Wrap

Wrap(包裹)变形的操作对象为 NURBS 表面、NURBS 曲线、多边形表面或 Lattice 变形器。Wrap 变形用影响物体的形状和空间变换变形对象的形状,如图 1-73 所示。

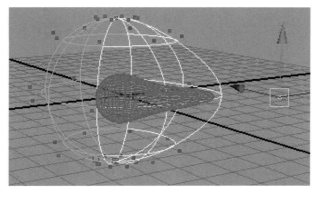

图　　1-73

先选高分辨率球体,再选低分辨率球体。Max Distance 最大距离值为 2,单击 Create (创建)按钮。现在低分辨率球是包裹影响物体。选择低分辨率球的一些 CV 点并移动,高分辨率球发生相应的形状变化。

以上讲述的是角色绑定环节必须掌握的基础命令及其应用,本章的内容虽为基础却非常重要,应熟练掌握。只有把本章内容融会贯通,才能为后面章节学习好高级角色绑定技术奠定基础。

本章总结:

本章介绍了三维 Maya 软件及应用领域,详细阐述三维动画的制作流程,重点掌握绑定的概念,绑定的合理标准,角色绑定环节必须掌握的基础命令,包括组的概念、父子关系、大纲视图、骨骼系统、FK 与 IK、约束系统、蒙皮系统、变形器系统。

第 2 章

Chapter 02

Desk Lamp - - -

台灯绑定

- - - Rigging

本章学习目标

*** 台灯绑定分析

* 台灯组的创建、台灯父子关系设置、台灯父子约束设置

*** 熟练掌握台灯绑定

本章带领读者进行道具台灯绑定案例的学习，重点学习在 Maya 软件绑定过程中如何建立打组，如何建立父子关系与如何建立父子约束。学习台灯绑定的制作思路，熟练掌握道具台灯绑定的制作流程。

案例分析：

台灯绑定的制作思路：

》 首先对台灯结构进行绑定分析。

》 台灯模型创建分组，分别修改轴心。

》 创建台灯控制器，分别给台灯组和控制器建立父子关系。

》 创建台灯组和控制器之间的约束关系。

2.1　台灯绑定分析

2.1

现在我们来学习一下 Pixar（皮克斯）小台灯的绑定案例，即便有人不知道 Pixar（皮克斯）动画公司，但绝对知道他们的动画作品，那些家喻户晓的动画电影已经证明了他们的实力：《玩具总动员》《海底总动员》《超人总动员》《料理鼠王》、WALL·E 等，如图 2-1 所示。

图　2-1

表2-1是Pixar动画公司历年作品的票房收入,相信看到这些数字,你一定会瞠目结舌的。

表　2-1

电　影	上映年份	美国票房	全球票房
玩具总动员(Toy Story)	1995	1亿9180万美元	3亿6200万美元
虫虫危机(A Bug's Life)	1998	1亿6280万美元	3亿6340万美元
玩具总动员2(Toy Story2)	1999	2亿4590万美元	4亿8500万美元
怪物公司(Monsters Inc.)	2001	2亿5590万美元	5亿2540万美元
海底总动员(Finding Nemo)	2003	3亿3970万美元	8亿6460万美元
超人总动员(The Incredibles)	2004	2亿6140万美元	6亿3140万美元
赛车总动员(Cars)	2006	2亿4410万美元	4亿6200万美元
料理鼠王(Ratatouille)	2007	2亿644万美元	逾5亿美元

Pixar(皮克斯)动画公司可以称为继迪士尼公司之后,对动画电影历史影响最深的公司。几乎每部动画片的片头,都会出现一个蹦跳着的可爱的小台灯,它是1986年皮克斯动画工作室成为独立电影制片厂之后出品的第一部电影。该片是一部计算机动画短片,片长共计2.5分钟,它是皮克斯工作室的经典短片,而片中跳动的白色小台灯成为了皮克斯公司最著名的标志。

1986年该片获得奥斯卡最佳动画短片提名。该片是第一部获得奥斯卡提名的电脑特效影片。小台灯后来成为皮克斯动画工作室的吉祥物,每一部皮克斯制作的短片或者电影长片开头都会有它出现,如图2-2所示。短片中小台灯跳上字母"I"(PIXAR),试着压扁它,然后小台灯抬起头来面向观众,然后台灯突然关灯,画面全黑。

图　2-2

本章就来学习一下台灯案例绑定的原理及如何对台灯进行绑定设置。

台灯绑定属于没有生命的机械类道具绑定,道具绑定在绑定工作中是比较基础的。本章重点学习比较有代表性的台灯绑定及其制作思路,然后学习绑定基础命令,掌握基本的绑定技巧,养成良好的绑定习惯,为后续相对复杂的角色绑定打下坚实的基础。

首先来了解一下台灯的结构,如图2-3所示。台灯大致由灯头、灯身、底座三部分组成。从运动学角度分析,灯头受到灯身的运动控制,而灯身又会受到底座的运动控制,所以说,底座是整个台灯运动的主要控制(即台灯的根骨节应设置在底座处)。因此,要想实现台灯的运动,必须要对台灯的底座、灯身、灯头分别进行绑定设置。

台灯在现实生活中随处可见。通过以上分析得知,台灯的运动主要是通过自身的位移和旋转来实现其拟人的动画。接下来开始台灯案例的绑定操作。

图　2-3

2.2　台灯组的创建

2.2

Step1：开启三维软件 Maya 2018，然后打开提供的台灯工程文件，导入台灯模型素材，如图 2-4 所示。

图　2-4

Step2：从窗口菜单打开大纲视图，分别为台灯模型打组为 group1、group2、group3、group4(从上到下可分为上、中、下、底盘四部分)，如图 2-5 所示。

图　2-5

Step3：依次选择这四部分，分别命名为 group_Up、group_Mid、group_Down、group_Dipan，如图 2-6 所示。

图　2-6

Step4：在"大纲视图"窗口中四个组，然后到"修改"菜单下执行"居中枢轴"命令，如图 2-7 所示。

图　2-7

Step5：接着切换到侧视图，在"大纲视图"窗口选中 group_Up，按 Insert 键修改轴心至如图 2-8 所示。

图　2-8

Step6：切换到侧视图，在"大纲视图"窗口中选中 group_Mid，按 Insert 键修改轴心至如图 2-9 所示。

Step7：切换到侧视图，在"大纲视图"窗口中选中 group_Down，按 Insert 键修改轴心至如图 2-10 所示。

图 2-9

图 2-10

Step8：切换到透视图，在"大纲视图"窗口中选中 group_Up、group_Mid、group_Down，分别进行移动、吸附、旋转操作，组合台灯如图 2-11 所示。

图 2-11

[提示]

　　熟练掌握三维软件 Maya 的以下快捷键操作：

　　移动操作快捷键 W，旋转操作快捷键 E，缩放操作快捷键 R，吸附点操作快捷键 V，修改物体轴心操作快捷键 D 键或者 Insert 键。

　　Step9：在"大纲视图"窗口选中 group_Up、group_Mid、group_Down，进行冻结变换操作，这样三个组的属性就恢复到原始属性，如图 2-12 所示。

图　　2-12

　　Step10：在"大纲视图"窗口选中 group_Up、group_Mid、group_Down，进行删除历史记录操作，如图 2-13 所示。

图　　2-13

2.3 台灯父子关系的设置

2.3

Step1：单击"创建"菜单，在"NURBS 基本体"下取消选中"交互式创建"选项，这样单击曲线就会直接创建，如图 2-14 所示。

图 2-14

Step2：依次单击创建 4 个圆线圈，分别吸附到组的轴心位置，如图 2-15 所示。

图 2-15

Step3：依次将圆线控制器命名为 group1_con、group2_con、group3_con、group4_con，如图 2-16 所示。

图　2-16

　　创建完控制器后,一定要记住先对控制器进行命名操作,然后恢复自身坐标轴,再
执行冻结变换操作,最后删除物体历史操作。

　　Step4:同时选择 4 个控制器进行冻结变换,如图 2-17 所示。

图　2-17

Step5：选择每个控制器删除历史记录，如图 2-18 所示。

图　2-18

Step6：在 4 个组之间建立父子关系（group_Up P 给 group_Mid，group_Mid P 给 group_Down，group_Down P 给 group_Dipan），层级关系如图 2-19 所示。

图　2-19

Step7：分别选择 4 个控制器建立父子关系（group4_con P 给 group3_con、group3_con P 给 group2_con、group2con P 给 group1_con），层级关系如图 2-20 所示。

图　2-20

2.4　台灯约束的设置

2.4

　　Step1：在组和控制器之间建立约束关系，先选 group4_con 再加选 group_Up，执行"约束"中的"方向"约束，勾选允许偏移属性，如图 2-21 所示。

图　2-21

　　Step2：先选 group3_con 再加选 group_Mid，执行"约束"中的"方向"约束，勾选允许偏移属性，如图 2-22 所示。

图 2-22

Step3：先选 group2_con 再加选 group_Down，执行"约束"中的"方向"约束，勾选允许偏移，如图 2-23 所示。

图 2-23

Step4：先选 group1_con 再加选 group_Dipan，执行"约束"中的"父子"约束，勾选允许偏移，如图 2-24 所示。

[提示]

> 建立约束关系时，一定要先选择控制器，然后加选物体组进行约束关系操作。

Step5：在"大纲视图"选中所有层级进行打组，并命名为 Taideng_RIG，然后保存。现在可以通过调整控制器来达到控制台灯的各种动画，如图 2-25 所示。

图　2-24

图　2-25

　　通过本章机械类道具台灯绑定案例的学习，应重点掌握如何在三维软件 Maya 中建立打组、创建父子关系、创建方向约束、创建父子约束的应用及控制器的创建方法，为后面学习高级角色绑定技术奠定一定的绑定基础。

第 3 章

Chapter 03

The Butterfly - - -

蝴蝶绑定

- - - Rigging

本章学习目标

***　　蝴蝶绑定分析

*　　　蝴蝶骨骼的创建、蝴蝶光滑蒙皮设置、属性连接编辑器的应用

***　　熟练掌握蝴蝶绑定

　　本章介绍生物蝴蝶绑定案例,重点学习在 Maya 软件绑定过程中如何建立骨骼,如何建立光滑蒙皮与如何给蝴蝶添加控制器。学习蝴蝶绑定的制作思路,熟练掌握蝴蝶绑定的制作流程。

案例分析:

3.1　蝴蝶绑定分析

3.1

　　在绑定蝴蝶之前,先进行简单的知识普及——关于蝴蝶的一些蝴蝶学史及蝴蝶的运动学原理。

　　蝴蝶被归类为鳞翅目,由于其美丽的花纹、对称的图案、炫目的色彩而著称于世。世界上有数以万计的物种都归于此类。从白垩纪起,蝴蝶随着作为食物的显花植物而演进,并为之授粉,是昆虫演进中最后一类生物。

　　蝴蝶体形大多在 5～10cm 之间,身体分为头、胸、腹;两对翅;三对足。头部有一对触角,触角端部加粗,翅宽大,停歇时翅竖立于背上。蝶类触角端部各节粗壮,成棒槌状。体和翅为扁平的鳞状毛。腹部瘦长。口器是下口式;足是步行足;翅是鳞翅;属于全变态。最大的是新几内亚东部的亚历山大女皇鸟翼凤蝶,雌性翼展可达 31cm,如图 3-1 所示;最小的是阿富汗的渺灰蝶,展翅只有 7mm,如图 3-2 所示。

图　3-1　　　　　　　　　　　　　　　　图　3-2

　　蝴蝶以其身美、形美、色美、情美被人们欣赏并广为咏诵。蝴蝶是最美丽的昆虫,被人们誉为"会飞的花朵""虫国的佳丽",是高雅文化的一种象征,可令人体会到回归大自然的赏心悦目。蝴蝶是幸福、爱情的象征,它能给人以鼓舞、陶醉和向往。中国传统文学常把

双飞的蝴蝶作为自由恋爱的象征,表达了人们对爱情的向往与追求。

蝴蝶忠于情侣,一生只有一个伴侣,是昆虫界忠贞的代表之一。蝴蝶被人们视为吉祥美好的象征,如恋花的蝴蝶常被用于寓意甜蜜的爱情和美满的婚姻,表现了人类对至善至美的追求。耄耋之年,又因为蝴蝶的蝶与耋(die)同音,故蝴蝶又被作为长寿富贵的借指。耄耋富贵图如图 3-3 所示。

图 3-3

蝴蝶飞行利用的是微小尺度的空气旋涡或小尺度的不稳定气流,与大鸟的飞行原理是完全不同的。蝴蝶飞行相关的结构主要集中于翅胸节:翅胸节上着生有一对或两对翅,在身体躯干背部的带动下上下扑动,同时其余的肌肉群控制翅绕扭转轴(从翅根部向翅尖方向辐射的某条直线)扭转,从而产生足够的升力和推力。

研究一种蝴蝶在前飞时的气动力特性,在运动重叠网格上数值求 Navier-Stokes 方程,对蝴蝶前飞时左、右翅膀的拍动运动以及跟随身体一起的俯仰运动进行计算。结果表明:蝴蝶主要用"阻力原理"作拍动飞行,即平衡身体重量的举力和克服身体阻力的推力均主要由翅膀的阻力提供。蝴蝶翅在下拍中产生很大的瞬态阻力(平行于拍动运动的力),对流动结构分析表明,产生此力的机制如下:每次下拍中产生了一个由前缘涡、翅端涡及起动涡构成的强"涡环",其包含一个沿拍动方向的射流,产生此射流的反作用力即翅膀的阻力,平衡身体重量的举力主要由翅膀下拍中产生的阻力提供。上拍时(由于身体上仰,上拍实际是向后和向上拍动的),翅也产生阻力,但较下拍时小得多,平衡身体阻力的推力主要由翅膀上拍中产生的阻力提供。

【知识普及】

蝴蝶效应(The Butterfly Effect):1963 年,美国气象学家爱德华·罗伦兹(Edward Lorenz)提出蝴蝶效应。其大意为:"亚马逊热带雨林一只蝴蝶翅膀偶尔振动,也许两周后就会导致美国得克萨斯州的一场龙卷风。"

"蝴蝶效应"的形象化说法,令人着迷、令人激动、发人深省,不但在于科学家运用了大胆的想象力和迷人的美学色彩,更在于这个说法有深刻的科学内涵和内在的哲学魅力。"蝴蝶效应"告诉我们:万事万物都是联系、发展的这一真理。

同时,"蝴蝶效应"也是一把双刃剑,用好了,就有好的结果;用坏了,就有坏的结局。在人生的道路上,细节常常决定成败!初始条件十分微小的变化经过不断放大,会使其未来状态产生极其巨大的差别。

通过以上蝴蝶的有关知识后分析得知,蝴蝶的运动主要通过其身体躯干背部俯仰运动的带动,上下扑动翅膀进行飞行。明白其运动原理后,接下来就可以对蝴蝶进行绑定设置了。那么如何利用三维软件 Maya 来进行蝴蝶绑定呢?

蝴蝶绑定的制作思路:

- 蝴蝶躯干骨骼创建。
- 蝴蝶翅膀骨骼绑定。
- 创建控制器并建立关系。
- 蝴蝶全局层级整理。

下面学习蝴蝶案例的绑定操作。

3.2　蝴蝶躯干骨骼创建

3.2

Step1:开启三维软件 Maya 2018,打开提供的蝴蝶工程文件,选中蝴蝶模型放入图层进行 R 锁定管理,如图 3-4 所示。

图　3-4

Step2：运用创建关节工具(选中世界坐标轴)进行创建骨骼，如图 3-5 所示。

图　3-5

Step3：切换到顶视图，找到蝴蝶的根骨骼位置开始创建蝴蝶躯干骨骼，如图 3-6 所示。

图　3-6

Step4：在"大纲视图"窗口选中蝴蝶躯干模型，加选根骨骼，执行"蒙皮"菜单下"绑定蒙皮"命令，如图 3-7 所示。

Step5：在"大纲视图"窗口选中蝴蝶左右眼睛及左右触须模型，加选 Joint3 骨骼执行 P 父子关系，如图 3-8 所示。

注：由于案例提供的蝴蝶模型未创建蝴蝶的三对足模型，因此，此处省略蝴蝶三对足骨骼创建的讲解，蝴蝶足骨骼的创建同蝴蝶躯干骨骼创建原理相同。

图   3-7

图   3-8

3.3 蝴蝶翅膀骨骼绑定

3.3

Step1：运用创建关节工具（选中世界坐标轴）进行创建骨骼，如图 3-9 所示。

Step2：创建蝴蝶左侧翅膀骨骼，如图 3-10 所示。

图　3-9

图　3-10

Step3：选中蝴蝶左侧翅膀骨骼，然后执行镜像骨骼制作出右侧翅膀骨骼，如图 3-11 所示。

Step4：分别选中蝴蝶翅膀模型，P 给蝴蝶翅膀骨骼，然后再把左右翅膀的 joint8 和 joint10 关节 P 给蝴蝶的根关节 Root，如图 3-12 所示。

图　3-11

图　3-12

3.4

3.4　蝴蝶添加控制器设置

Step1：创建蝴蝶躯干的 4 个控制器，分别进行对 4 个控制器进行打组，并移动到相应的骨骼位置。再在"大纲视图"窗口选择控制器及组进行冻结变换，然后执行删除历史操作，如图 3-13 所示。

Step2：打开"连接编辑器"，把蝴蝶的 4 个控制器分别导入左侧，把对应的躯干骨骼导入右侧，然后对旋转属性进行连接，如图 3-14 所示。

图 3-13

图 3-14

Step3：将蝴蝶躯干 4 个控制器的组 P 给相应的躯干骨骼，如图 3-15 所示。

Step4：创建两个曲线圆圈，作为控制器分别吸附到对应的翅膀骨骼处，进行分别打组，然后执行冻结变换，再删除单个物体历史操作，如图 3-16 所示。

图　3-15

图　3-16

Step5：通过"窗口"菜单打开"连接编辑器"，把蝴蝶翅膀的两个控制器分别导入左侧，把对应的翅膀骨骼导入右侧，然后对旋转属性进行连接，如图3-17所示。

Step6：将蝴蝶翅膀两个控制器的组P给相应的翅膀骨骼，如图3-18所示。

图 3-17

图 3-18

3.5 蝴蝶全局整理

3.5

Step1：创建曲线圆圈，然后调整成蝴蝶形状，将其作为总控制器并命名为 All_Mastor，冻结变换并删除历史操作，如图 3-19 所示。

Step2：在"大纲视图"窗口用鼠标中键把 Root 骨骼放到总控制器 All_Mastor 中，如图 3-20 所示。

图　　3-19

图　　3-20

　　Step3：在"大纲视图"窗口选中所有层级进行打组，并命名为 HuDie_RIG，然后进行保存。现在可以通过调整控制器来达到控制蝴蝶的飞行动画。学习完三维动画课程后，可以给蝴蝶建立路径动画、蝴蝶的群集动画等，这样我们绑定的蝴蝶就可以自由自在地飞在天空中了，如图 3-21 所示。

图　3-21

　　通过本章蝴蝶绑定案例的学习，应重点掌握如何在三维软件 Maya 中给蝴蝶模型建立骨骼，如何使模型和骨骼建立蒙皮绑定，如何建立父子关系，学习属性"连接编辑器"的应用及大纲视图的全局整理。

第 4 章　蜘蛛侠

Chapter 04

Character Rigging - - -

下肢骨骼绑定

- - -Leg Skeleton Rigging

本章学习目标

***　　了解人体骨架结构,重点掌握下肢骨骼架构及运动规律

*　　　　蜘蛛侠腿部骨骼绑定

***　　熟练掌握蜘蛛侠腿部骨骼绑定

　　本章学习电影角色蜘蛛侠的腿部骨骼绑定案例,重点学习如何给蜘蛛侠建立腿部骨骼,如何设置脚部驱动及腿部膝盖的控制。学习蜘蛛侠腿部骨骼绑定的制作思路,熟练掌握腿部骨骼绑定的制作流程。

案例分析:

　　蜘蛛侠下肢骨骼绑定的制作思路:

　　》 根据角色骨骼结构,创建下肢骨骼,分别进行命名。

　　》 创建控制器,下肢骨骼设置 IK。

　　》 创建蜘蛛侠下肢膝盖控制。

4.1　下肢骨骼绑定分析

　　超人!蝙蝠侠!雷神!绿巨人!钢铁侠!蜘蛛侠……如图 4-1 所示,他们中谁才是你心中最爱的超级英雄?我最爱蜘蛛侠,因为……

图　4-1

　　蜘蛛侠(Spider-Man)是漫威漫画中的超级英雄角色,如图 4-2 所示。由编剧斯坦·李和画家史蒂夫·迪科特合作创造,首次登场是在 1962 年 8 月出版的《惊奇幻想》第 15 期,因为广受欢迎,几个月开始后,他开始拥有以自己为主角的单行本漫画。蜘蛛侠的本名彼得·本杰明·帕克(Peter Benjamin Parker),原本是一名普通的高中生,意外被一只受过放射性感染的蜘蛛咬伤,便获得了蜘蛛一般的特殊能力。

　　本章开始学习电影角色蜘蛛侠的绑定案例,通常角色的整体绑定在动画项目中是比较难的,涉及的知识点比较烦琐,整体学习起来太难掌握,因此建议大家可以把角色整体绑定制作分解成两个大部分、四个小部分逐一进行学习,逐一攻克与掌握。角色整体绑定

最重要的 4 个绑定部分归纳为上肢(手臂)骨骼绑定、躯干(脊椎)骨骼绑定、下肢(腿部)骨骼绑定和头部(颈部及面部表情)绑定,如图 4-3 所示。

图　4-2

图　4-3

本章重点先从蜘蛛侠腿部骨骼的设置开始学习,接下来逐一详细介绍蜘蛛侠躯干骨骼设置、躯干高级旋转设置、上臂骨骼设置、手臂骨骼设置、头部骨骼设置等。另外还会学习一些高级角色骨骼绑定插件和角色面部绑定的应用技巧。

[提示]

　　在角色骨骼创建之前,我们还要做足三方面的功课。

　　第一,认识并掌握人体骨骼与肌肉结构,要想让写实角色动起来,而且动得逼真自然,必须掌握这些基础知识。

　　第二,要学会骨骼工具的高级应用,骨骼工具是角色绑定的重要工具。

　　第三,检查模型与整理模型,模型合格之后才能开始绑定。

4.1.1　了解人体的骨架结构

　　对角色骨骼设置之前,一定要先去参考一些相关人体解剖书籍,以了解相应角色的骨骼架构和肌肉运动规律，这里重点研究一下人体的骨骼架构。

人体的骨骼有 206 块骨骼，主要由颅骨、躯干骨、上肢骨、下肢骨构成，如图 4-4 所示。

图　4-4

人体主要骨骼与主要关节，如图 4-5 所示。

图　4-5

颅骨主要由头骨关节、上颌骨关节、下颌骨关节、颞骨关节组成。

躯干骨主要由骶骨关节、腰关节、腹关节、胸关节、颈关节组成。

上肢骨骼主要由锁骨关节、肩关节、肘关节、腕关节和手部骨骼组成。

手部骨骼主要由大拇指关节、食指关节、中指关节、无名指关节、小指关节组成。

下肢骨骼主要有髋骨关节(大腿骨)、髌骨关节(膝盖关节)、踝关节和脚部骨骼。

脚部骨骼主要由脚掌关节、脚尖关节、脚后跟关节组成。

[提示]

这里所讲的人体骨骼知识都是和绑定有关的关节,其他与绑定无关的知识并未详解。

4.1.2 下肢腿部骨架结构

了解完人体的主要骨骼与关节后,接下来重点学习掌握人体下肢骨骼的结构和肌肉运动原理。人体骨骼结构比较复杂,不需要一一掌握,只要把一些绑定要用到的骨骼掌握即可。

1. 下肢腿部骨骼

下面重点掌握下肢腿部骨骼,主要有髋骨关节(大腿骨)、膝盖关节(髌骨)、踝关节和脚部骨骼(脚跟部、脚腰部和脚前掌部),如图 4-6 所示。

图　4-6

2. 脚部骨骼结构与脚部肌肉

人类的脚由骨骼、肌肉、血管、神经等组织而成,如图 4-7 所示。脚是指人或某些动物身体最下部接触地面的部分,是人体重要的负重器官和运动器官。

图 4-7

脚骨骼的结构主要作用是负担人体重量与支撑人的身体,脚共由 26 块骨组成且分成三大部分:跟部、腰部和前掌部。跟部由 7 块骨组成,负责直接承受体重,且大部分身体重量(超过 50%)都落在脚跟部。腰部由 5 根长骨组成,负责连接前掌和后跟及传递身体部分重量至前掌。脚前掌由 14 块小骨组成,其具有承受体重和平衡身体及抓着地面不致身体倒斜的功能。为了起到支撑整个体重的作用,脚的底部还长有足弓,足弓的主要功能是使重力从踝关节径距骨向前分散到跖骨小头,向后传向跟骨,以保证直立时足底支撑的稳定性。

脚部肌肉是人体最主要组织之一,负责传递力量和动作。人的每只脚上有 26 块骨头,33 个关节,20 条大小不同的肌肉,并有 114 条坚强的韧带,以及无数灵敏的神经与丰富的血管。肌肉组织为一种纤维组织,附粘在于骨骼上。作为运动脚的主要肌肉,有通过小腿后侧的腓肠肌和通过小腿前部的胫骨前肌。脚后跟的上下运动靠腓肠肌的作用来实现。腓肠肌是始于跟骨后部,通过膝盖后部,连接股骨下端后部凹陷处的又粗又厚的肌肉。在足跟与小腿之间有一条粗壮结实绷得很紧的肌腱,医学上称为跟腱(也叫阿喀流斯腱(Achilles),它来源于希腊神话中英雄阿喀流斯的故事)。从图 4-7 中还可以看到跟腱内方有空隙,稍许的冲击也会使它断裂,若跟腱断裂,脚便不能行走。

4.1.3 下肢运动分析

下肢运动也就是我们所说的腿部运动,人体有将近一半的肌肉、骨骼、神经和血液都集中在下肢,所以下肢腿部的运动尤为重要。而腿部运动中尤其以角色的脚部动作最为丰富,大家可以自己亲自体验一下,看看自己的脚能做出多少种动作。人在走路的时候,大腿带动小腿,小腿带动脚跟,脚跟再带动脚尖,这一连串的动作,在绑定的时候都要实现出来。一般情况下,绑定的时候我们至少需要满足角色的脚部动作能实现抬脚尖、抬脚后跟(如图 4-8 所示)、抬脚掌、旋转脚尖、旋转脚后跟、脚向内侧倾斜、脚向外侧倾斜、旋转脚踝 8 个动作。这 8 个动作是脚部运动最基本的动作，这些动作和脚部的骨骼结构有着密切的关系。绑定中角色脚部骨骼就是按照真实的人体脚部骨骼创建的，脚部有 3 个支点：脚跟、脚掌、脚尖，还有一个旋转轴：脚腕。这样的结构通过肌肉和韧带的连接就可以做出各种各样的动作。

图　4-8

在绑定中实现这些动作的方法称为"反转脚"。在设置反转脚的过程中用到了 IK 控制柄工具，通过骨骼、IK 控制柄工具与打组的结合，可以实现脚部的这些动作。

本章将向大家讲解蜘蛛侠腿部骨骼绑定。腿部绑定是角色绑定中的重点，知识点包括腿部骨骼的创建、腿部 IK 的制作、腿部膝盖的控制，难点是脚部属性的驱动设置比较复杂，通常初学者理解起来比较困难。

4.2　蜘蛛侠腿部骨骼绑定

4.2.1

4.2.1　蜘蛛侠腿部骨骼创建

Step1：开启 Maya 2018，打开配套微课 spiderman（蜘蛛侠）工程文件里的蜘蛛侠模型，如图 4-9 所示。

图　4-9

[提示]

　　角色绑定之前必须对模型进行检查。首先检查模型有无穿帮,判断模型布线是否合理;其次看模型历史节点是否清除干净。角色模型要求是一个标准的 T 形姿势,并且双腿要与地面垂直,脚尖指向正前方。

　　Step2:选中模型,放入图层里设置为 T,进行线框冻结锁定管理,如图 4-10 所示。

图　4-10

　　Step3:切换到装备模块,打开创建"关节工具"属性框,选中"确定关节方向为世界方向",如图 4-11 所示。

图　4-11

Step4：切换到侧视图，进行腿部骨骼的创建，如图 4-12 所示。

图　4-12

[提示]

　　角色骨骼创建时所在的视图非常重要，我们通常切换到侧视图进行骨骼搭建，这样创建出来的骨骼从根关节到末端关节都会保持在 X、Y 轴的平面上，这样可以保证角色运动时不会出现错误。

Step5：打开"大纲视图"窗口，按住 Shift 键，单击骨骼前的＋号，选中所有关节，如图 4-13 所示。

图　4-13

Step6：在"修改"菜单为腿部骨骼添加层次名称前缀,输入 Left_,如图 4-14 所示。

图　4-14

Step7：分别给腿部关节命名,分别 Left_Hip(髋骨/大腿骨)、Left_Knee(膝盖骨)、Left_Ankle(脚踝骨)、Left_Sole(脚掌)、Left_Toes(脚尖)、Left_Heel(脚后跟),如图 4-15 所示。

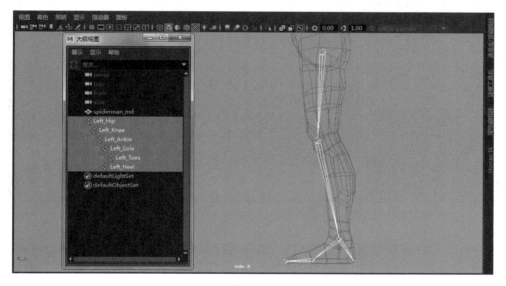

图　4-15

Step8：切换到前视窗,按 Insert 键利用移动工具把骨骼移动到腿部合适位置,如图 4-16 所示。

Step9：确定出根关节位置,选择"确定关节方向为世界方向",创建关节,调节半径大小为 2,命名为 Root,如图 4-17 所示。

图 4-16

图 4-17

Step10:先选大腿骨骼,加选根关节,然后执行 P 键父子关系操作,注意此根关节位置要在腿根关节略微靠前,以保证能完成扭屁股动作,如图 4-18 所示。

Step11:选中左腿 Left_Hip 骨骼,执行"骨架"菜单中的"镜像关节"命令,设置镜像平面为:YZ,设置"重复关节的替换名称"为 Left 替换为 Right,如图 4-19 所示。

[提示]

创建出左腿骨骼后,可以通过镜像骨骼命令快速得到右侧骨骼,如图 4-19 所示。

图　4-18

图　4-19

Step12：至此，腿部骨骼创建完毕，保存文件，如图 4-20 所示。

4.2.2　蜘蛛侠腿部骨骼设置

4.2.2

Step1：在"骨架"菜单下找到 IK 控制柄工具，打开方框，设置当前解算器为 ikRPsoler（旋转平面解算器），如图 4-21 所示。

图　4-20

图　4-21

[提示]

　　IK 控制柄工具的当前解算器类型设置为 ikRPsoler(旋转平面解算器),因为腿部不仅能够弯曲,还能够旋转,比如膝盖的左右摆动,实际上是在旋转腿部的骨骼。而ikSCsoler(单链解算器)不能满足腿部运动的需求。

　　Step2:先单击左腿大腿骨,接着单击左腿脚踝骨,创建为 ikHandle1,如图 4-22 所示。

图 4-22

[提示]

利用 IK 控制柄工具创建出来的这些 IK，就好像人体骨骼的韧带，通过它们将脚部骨骼连接起来并加以控制，就能够实现脚部丰富的动作。

Step3：IK 控制柄工具，打开方框 ▢ 设置当前解算器为 ikSCsoler（单链解算器），先单击脚踝关节，然后单击脚掌关节，创建为 ikHandle2，接着单击脚掌关节，再单击脚尖关节，创建为 ikHandle3，如图 4-23 所示。

图 4-23

Step4：打开"大纲视图"窗口，给创建的 3 个 ikHandle 添加名称前缀为 Left_，如图 4-24 所示。

图　4-24

[提示]

　　　　为脚部创建 IK 并为 IK 打组,调整组的旋转就是为了实现脚部的动作,它们就像脚部一块块的骨骼肌肉,它们的位置不同,控制脚部不同位置的运动。

　　Step5:选中 ikHandle1 和 ikHandle2,打组为 group1。接着按 Insert 键,V 键吸附修改轴心到脚掌关节处,再按 Insert 键完成操作,如图 4-25 所示。

图　4-25

Step6：选中 ikHandle2 和 ikHandle3，打组为 group2，接着按 Insert 键，V 键吸附修改轴心到脚掌关节处，再按 Insert 键完成操作，如图 4-26 所示。

图　4-26

Step7：选中 group1 和 group2，打组为 group3，接着按 Insert 键，V 键吸附修改轴心到脚尖关节处，再按 Insert 键完成操作，如图 4-27 所示。

图　4-27

Step8：选中 group3，打组为 group4，接着按 Insert 键，V 键吸附修改轴心到脚后跟关节处，再按 Insert 键完成操作，如图 4-28 所示。

图　4-28

Step9：选中 group4，打组为 group5，接着按 Insert 键，V 键吸附修改轴心到脚掌关节处，然后向内侧移动，再按 Insert 键完成操作，如图 4-29 所示。

图　4-29

Step10：选中 group5，打组为 group6，接着按 Insert 键，V 键吸附修改轴心到脚掌关节处，然后向外侧移动，再按 Insert 键完成操作，如图 4-30 所示。

Step11：分别把 group1 命名为 HeelRotX，group2 命名为 SoleRotX，group3 命名为 ToeTipRot，group4 命名为 HeelupRot，group5 命名为 FootInRotZ，group6 命名为 FootOutRotZ，如图 4-31 所示。

图　4-30

图　4-31

Step12：分别选中组的属性，把不进行动画的属性进行锁定并隐藏选定项操作，如图 4-32 所示。

Step13：单击曲线圆圈进行编辑，创建出左腿控制器并对它进行冻结变换。接着执行"编辑"菜单下的"按类型删除历史记录"命令，然后将它命名为 Left_Leg_ Mastor，如图 4-33 所示。

图　4-32

图　4-33

Step14：在"大纲视图"窗口中选中所有的组，用鼠标中键拖给左腿控制器。只保留左腿控制器的移动旋转属性，其他进行锁定并隐藏操作，如图 4-34 所示。

Step15：选中左腿控制器，到"修改"菜单下找到"添加属性"命令，分别添加 HeelRotX、SoleRotX、ToeTipRot、HeelupRot、FootInRotZ、FootOutRotZ，最小值设置为 -60、最大值设置为 60、默认值设置为 0，如图 4-35 所示。

图　4-34

图　4-35

[提示]

　　在脚部的控制器上添加属性，用添加的这些属性来控制组的旋转，以更加方便地控制脚部动作。

　　Step16：在常规编辑器中找到"连接编辑器"，把左腿控制器加载入左侧，把HeelRotX 组加载入右侧。用左腿控制器的 HeelRotX 连接 HeelRotX 组的 RotateX 属性进行连接设置，如图 4-36 所示。

　　Step17：把 SoleRotX 组加载入右侧。用左腿控制器的 SoleRotX 连接 SoleRotX 组的 RotateX 属性，如图 4-37 所示。

图 4-36

图 4-37

　　Step18:把 ToeTipRot 组加载入右侧。用左腿控制器的 ToeTipRot 连接 ToeTipRot 组的 RotateX、RotateY、RotateZ 属性,如图 4-38 所示。

　　Step19:把 HeelupRot 组加载入右侧。用左腿控制器的 HeelupRot 连接 HeelupRot 组的 RotateX、RotateY、RotateZ 属性,如图 4-39 所示。

图　4-38

图　4-39

Step20：把 FootInRotZ 组加载入右侧。用左腿控制器的 FootInRotZ 连接 FootInRotZ 组的 RotateZ 属性，如图 4-40 所示。

Step21：把 FootOutRotZ 组加载入右侧。用左腿控制器的 FootOutRotZ 连接 FootOutRotZ 组的 RotateZ 属性，如图 4-41 所示。

Step22：右腿骨骼设置（原理同左腿骨骼设置），此处不再赘述，详细操作请参看本书 配套微课提供的视频教程 。

图　4-40

图　4-41

4.2.3　蜘蛛侠腿部膝盖控制

　　Step1：单击曲线圆圈，创建左腿膝盖控制器，然后 V 键吸附至膝盖处，之后往前移动，接着对它进行冻结变换，再接着执行"编辑"菜单下的"按类型删除物体历史记录"命令，然后将它命名为 Left_AnkleRot_Mastor，如图 4-42 所示。

　　Step2：为控制腿的膝盖的旋转，要先选左腿膝盖控制器，加选 ikHandle1，然后执行"约束"菜单下的"极向量约束"命令，如图 4-43 所示。

4.2.3

图　4-42

图　4-43

Step3：只保留左腿膝盖控制器的移动属性，其他进行锁定并隐藏操作，如图 4-44 所示。

Step4：先选左腿膝盖控制器 Left_AnkleRot_Mastor，加选左腿控制器 Left_Leg_Mastor，然后执行 P 键父子关系操作，这样当移动左腿控制器的同时，左腿膝盖控制器也会跟随移动，如图 4-45 所示。

Step5：右腿膝盖设置同左腿膝盖设置，操作不再赘述。

图　4-44

图　4-45

　　本章通过蜘蛛侠腿部骨骼绑定案例的学习，需要重点掌握的知识点有：
　　（1）认识并掌握人体骨架结构，重点掌握蜘蛛侠下肢腿部骨骼结构。
　　（2）角色绑定之前必须对模型进行检查。检查模型有无穿帮，判断模型布线是否合理。查看模型历史节点是否清除干净。
　　（3）角色绑定模型要求是一个标准的 T 形姿势，并且双腿要与地面垂直，脚尖指向正前方。
　　（4）蜘蛛侠整体绑定及腿部骨骼绑定的制作思路。
　　（5）蜘蛛侠腿部骨骼的创建、腿部 IK 的制作、腿部膝盖的控制及脚部属性的驱动设置。

第 5 章　蜘蛛侠

Chapter 05

躯干骨骼绑定

本章学习目标

*** 　 了解人体躯干骨架结构,重点掌握躯干骨骼架构及其骨骼运动

* 　 蜘蛛侠躯干骨骼绑定

*** 　 熟练掌握蜘蛛侠躯干骨骼绑定

　　本章学习电影角色蜘蛛侠躯干骨骼绑定案例,重点学习如何给蜘蛛侠建立躯干部位骨骼,如何设置躯干骨骼的线性 IK 及高级旋转设置。学习蜘蛛侠躯干骨骼绑定的制作思路,熟练掌握躯干骨骼绑定的制作流程。

案例分析:

　　蜘蛛侠躯干骨骼绑定的制作思路:

　　　》 认识躯干骨骼结构与骨骼运动原理。

　　　》 创建躯干骨骼,分别进行命名。

　　　》 躯干骨骼线性 IK 的创建与设置。

　　　》 创建控制器,躯干骨骼关联设置。

　　　》 躯干骨骼线性 IK 的高级旋转设置。

　　　》 躯干骨骼与腿部骨骼建立连接。

5.1　躯干骨骼绑定分析

5.1

　　本章讲解蜘蛛侠躯干骨骼绑定。躯干绑定是角色绑定中的难点和重点,知识点包括躯干骨骼的创建、躯干线性 IK 的制作、躯干骨骼的控制,尤其是躯干骨骼的高级旋转设置比较复杂,也是学习的难点。接下来,我们来研究一下角色躯干骨骼架构和肌肉运动。

5.1.1　躯干骨骼结构

　　躯干是人体最重要的部分,这不仅是因为它占人体体积、重量和形体的最大部分,还因为在躯干中包含着人体重心和上半身重心,紧连着头部重心。躯干的动态是全身动态的关键,躯干中的每一个微妙动态变化,都势必影响到全身,因此对躯干进行细致分析是非常重要的。人体躯干骨骼如图 5-1 所示。

　　躯干由胸廓、骨盆、脊柱、肩胛骨和锁骨组成,如图 5-2 所示。胸廓由 12 个胸椎、12 对肋骨和 1 个胸骨借关节、软骨联结而成,是一个上狭下阔的

图　5-1

截面圆柱体,呈倾斜的倒卵形。整个胸廓构成胸部的基本形,决定胸部的大小和宽窄。它的上端被胸大肌等肌肉覆盖,下端由左右肋骨相交。

图 5-2

1. 胸廓

胸廓是上宽下窄的倒梯形,接近直立的蛋形,由锁骨、肩峰连成上底,胸廓下缘连成下底,内有卵圆形笼状胸廓所支撑,如图 5-3 所示。上部有健壮丰厚的胸大肌覆盖,使男性胸廓的外形变得宽厚;中间是胸骨,胸骨的两侧是正面的肋软骨,肋软骨和侧肋骨的相连处形成夹角,这个夹角是胸廓正面和侧面的转折线,在人体表面的胸大肌或乳房会将这一转折线略微拓宽,但在胸大肌或乳房下方能显示出这个转折,因此不容忽视。

胸廓(**The rib cage**)

图 5-3

2. 骨盆

骨盆由骶骨和两侧髋骨构成,形状如盆,故称为骨盆。它分为上部的大骨盆和下部的小骨盆两部分。骨盆的主要功能是支持体重和保护盆腔内脏器。女性骨盆又是胎儿娩出时必经的通道,正常女性骨盆较男性骨盆宽而浅,有利于胎儿娩出。女性与男性骨盆,如图 5-4 所示。

图　5-4

在我们从一个姿势换成另一个姿势时,骨盆的角度会有很大的改变。当背部弓起时,骨盆向前弯,而当脊柱挺直时,骨盆向内弯。骨盆可以倾斜,可以从一边转向另一边,还可以在肌肤下向前突起或向内弯。骨盆的角度表明了人体的平衡程度,而人体的平衡程度也表明了骨盆的特征。

3. 脊柱

脊柱由 24 块椎骨组成(7 块颈椎支撑颅骨、12 块胸廓背椎、5 块腰椎),位于人体中心或轴心,是以活动的骨节和富有弹性的软骨形成的,每一部分是一个关节,具有最大伸缩性。脊柱伸缩性如图 5-5 所示。人体在卧、立、行、坐、跑、跳时,脊柱骨均在不断地变化,弯曲、伸直、拉长,造成形体的明显变化。脊柱决定人体各种姿态的形成。

图　5-5

4. 肩胛骨与锁骨

肩胛骨与锁骨组成环状肩带,它们在肩头相连接,像扣在胸廓上的环,可以游离于胸廓自由运动。肩胛骨与锁骨如图 5-6 所示。

锁骨

肩胛骨

锁骨

肩胛骨

图　5-6

躯干的肌肉多而复杂,但对人体、形体、运动产生作用的只有几块。前面是以下三块:胸大肌、腹直肌和腹斜肌,臀部肌肉则是大臀肌。躯干肌肉解剖图如图 5-7 所示。

胸锁乳突肌

胸大肌

腹直肌

斜方肌
三角肌
背阔肌
肱二头肌
前锯肌
肱三头肌
腹斜肌

斜方肌
三角肌
背阔肌
肱二头肌
前锯肌
肱三头肌
腹斜肌

大圆肌

大臀肌

图　5-7

5.1.2　躯干骨骼运动分析

躯干的关节主要是脊柱。脊柱亦称脊椎、脊梁骨,由形态特殊的椎骨和椎间盘联结而成,位于背部正中,上连颅骨,中部与肋骨相连,下端和髋骨组成骨盆。脊柱主导这三个部分的运动。脊柱分颈、胸、腰、骶及尾五段,上部长,能活动,好似支架,悬挂着胸壁和腹壁;下部短,比较固定。身体的重量和所受的振荡即由此传达至下肢。

脊柱由脊椎骨及椎间盘构成,是一种相当柔软又能活动的结构。随着身体的运动载荷变化,脊柱的形状可有相当大的改变。脊柱的活动取决于椎间盘的完整及相关脊椎骨关节之间的和谐程度。脊柱长度的 3/4 是由椎体构成,1/4 由椎间盘构成。

由于脊椎骨周围有坚强的韧带相连系,能维持相当稳定,又因彼此之间有椎骨间关节相连,具有相当程度的活动性。每个椎骨的活动范围虽然很少,但如全部一起活动,范围就增加很多。

躯干影响人物角色的整个造型,而脊柱则主导着人体的运动。脊柱有颈曲、胸曲、腰曲、骶曲 4 个生理性弯曲,颈和腰曲凸向前,胸和骶曲凸向后,如图 5-8 所示。从侧面看人的脊柱从头部到尾骨呈 S 形。

图　5-8

5.2　蜘蛛侠躯干骨骼创建

5.2～5.4

Step1:开启 Maya 2018,打开 spider_Man 工程文件里的上节课腿部骨骼已设定好的蜘蛛侠模型。

选中模型,放入图层里将之设置为 T 线框冻结锁定管理,如图 5-9 所示。

图　5-9

Step2：切换到绑定/装备模块，打开"关节工具"属性框，单击重置工具，确定为默认设置。

切换到侧视图，进行躯干骨骼的创建，按住 Shift 键，同时垂直画出 5 节关节，如图 5-10所示。

图　5-10

Step3：打开"大纲视图"窗口，按住 Shift 键单击骨骼前的十号，选中所有关节。

给躯干骨骼规范命名，在"大纲视图"窗口中选择躯干骨骼，执行"修改"菜单"添加层次名称前缀"命令，输入 Spine_，如图 5-11 所示。

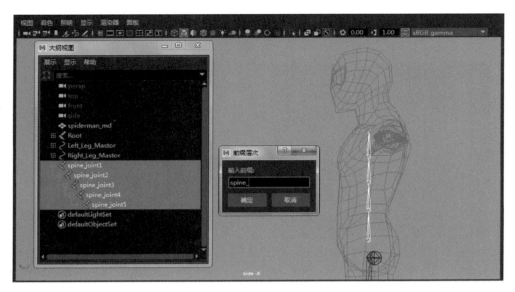

图　5-11

Step4：分别给躯干关节命名为 Spine_digu（骶骨）、Spine_yaogu（腰骨）、Spine_fugu（腹骨）、Spine_ xionggu（胸骨）、Spine_jinggu（颈骨），如图 5-12 所示。

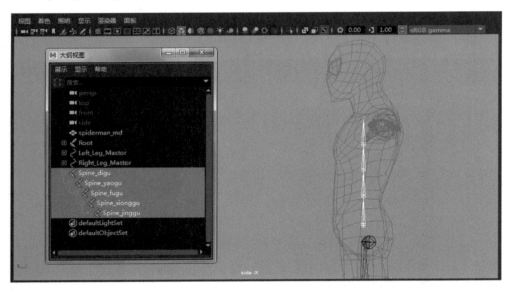

图　5-12

Step5：在"大纲视图"窗口选择这 5 节关节，然后执行"显示"菜单中"变换显示"下的"局部旋转轴"命令，检查骨骼的方向是否准确。

检查关节方向，X 轴若指向下一关节，则说明关节创建的关节准确，如图 5-13 所示。

Step6：至此躯干部位骨骼创建完毕，保存文件。

图 5-13

5.3 蜘蛛侠躯干骨骼线性 IK 创建

Step1：在"骨架"菜单下找到 IK 样条线控制柄工具，如图 5-14 所示。

图 5-14

Step2：打开方框，取消选中"自动简化曲线"选项（主要是为不让所创建的骨骼发生形状变化），如图 5-15 所示。

图 5-15

　　Step3：在场景中先单击躯干骨的骶骨关节，然后接着单击颈骨关节，创建ikHandle1，如图 5-16 所示。

图 5-16

　　Step4：IK 样条控制柄工具主要是生成一条样条曲线，通过这条曲线来控制骨骼，现在创建出来的曲线点分布不是很均匀，如图 5-17 所示。

　　Step5：在"大纲视图"窗口选中曲线，然后到"曲面"模块执行"编辑曲线工具"菜单下的"重建曲线"命令，如图 5-18 所示。

图　5-17

图　5-18

Step6：因为这里创建了5个关节，因此重建曲线的跨度数设置为2，这样曲线就被划分成5个点，如图5-19所示。

Step7：为了让这5个点和之前创建的5个关节对应起来，依次选择点分别吸附到相应的骨骼位置处。

依次选择点分别吸附到相应的骨骼位置后，这时曲线上的5个点分布就比较均匀了，如图5-20所示。

图　5-19

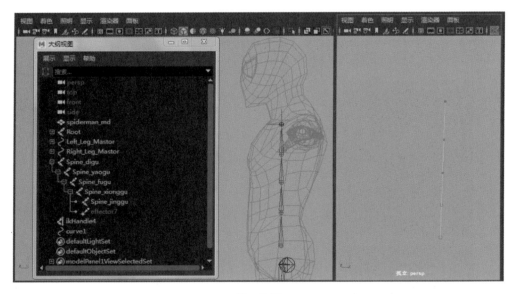

图　5-20

5.4　蜘蛛侠躯干骨骼线性 IK 设置

Step1：接下来对这条曲线进行控制设置，打开关节工具，选择"确定关节方向为世界方向"，然后创建 joint1，如图 5-21 所示。

Step2：在"大纲视图"窗口选中 joint1 进行打组命令操作，并命名为 group_joint1，如图 5-22 所示。

图　5-21

图　5-22

　　Step3：选中 group_joint1 组，接着按 V 键吸附到躯干关节 Spine_digu 位置处，如图 5-23
所示。

　　Step4：选中 group_joint1 组，按 Ctrl＋D 组合键复制两次得到两个组，然后在"大纲
视图"窗口展开层级，分别命名为 group_joint2 和 group_joint3，如图 5-24 所示。

图　5-23

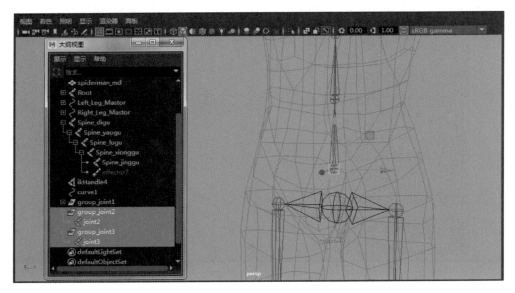

图　5-24

Step5：选中 group_joint2 组，按 V 键吸附到躯干关节 Spine_xionggu 位置处，如图 5-25 所示。

Step6：选中 group_joint3 组，按 V 键吸附到躯干关节 Spine_jinggu 位置处，如图 5-26 所示。

图 5-25

图 5-26

Step7：在"大纲视图"窗口选中这 3 个组，先进行冻结变换属性，然后执行"编辑"菜单下的"按类型删除历史"操作，以此保证 3 个组的属性恢复到原始数值，方便动画的操作，如图 5-27 所示。

Step8：在"大纲视图"窗口展开 3 个组的层级，然后先选中 curve1，再按住 Ctrl 键分别加选 joint1、joint2、joint3，如图 5-28 所示。

图　5-27

图　5-28

Step9：执行"蒙皮"菜单下"绑定蒙皮"命令。

在"平滑绑定选项"对话框中将"绑定到"选项设置为"选择关节"，其他参数如图 5-29 所示。

Step10：测试是否绑定成功，可以任意选择这 3 个关节中的一个关节进行移动，如图 5-30 所示。

图   5-29

图   5-30

5.5   蜘蛛侠躯干骨骼关联设置

5.5

  Step1：给这 3 个绑定好的关节创建控制器，以便更好地控制动画，在"创建"菜单的"NURBS 基本体"下拉菜单中取消选中"交互式创建"选项，如图 5-31 所示。

  Step2：单击曲线圆圈，就能在场景中创建出圆线，然后对其打组 group1，按住 V 键吸附到躯干关节 Spine_digu 位置处，如图 5-32 所示。

图　5-31

图　5-32

　　Step3：对 group1 进行复制得到 group2，然后按住 V 键把 group2 吸附到躯干关节 Spine_fugu 位置处，如图 5-33 所示。

　　Step4：对 group2 进行复制得到 group3，然后按住 V 键把 group3 吸附到躯干关节 Spine_jinggu 位置处，如图 5-34 所示。

图 5-33

图 5-34

Step5：在"大纲视图"窗口展开层级，将刚才创建的圆圈曲线分别命名为 spine_up_con、spine_mid_con 和 spine_down_con，曲线组分别进行命名为 group_spine_up、group_spine_mid 和 group_spine_down，如图 5-35 所示。

Step6：在"大纲视图"窗口选中 3 个组，对它们进行"修改"菜单下的"冻结变换"操作，如图 5-36 所示。

图 5-35

图 5-36

Step7：再接着执行"编辑"菜单下"按类型删除物体历史记录"操作，如图 5-37 所示。

Step8：在"大纲视图"窗口展开层级，选中 spine_up_con 曲线圆圈，然后按住 Ctrl 键加选 joint3，执行"约束"菜单下的"父对象约束"命令，如图 5-38 所示。

图 5-37

图 5-38

Step9：在"大纲视图"窗口展开层级，选中 spine_mid_con 曲线圆圈，然后按住 Ctrl 键加选 joint2 执行"约束"菜单下的"父对象"约束，如图 5-39 所示。

Step10：在"大纲视图"窗口展开层级，选中 spine_down_con 曲线圆圈，然后按住 Ctrl 键，加选 joint1，执行"约束"菜单下的"父对象"约束，如图 5-40 所示。

Step11：在"大纲视图"窗口，选中 group_spine_up 上端控制器组的轴心，按 Insert

图 5-39

图 5-40

键,再按 V 键将轴心吸附修改至 joint2 骨骼处,再按 Insert 键结束操作。现在选中 group_spine_up 这个组进行旋转操作,就会发现此组可以控制上端的旋转动画,如图 5-41 所示。

Step12:在"大纲视图"窗口选中 spine_mid_con 曲线控制器,执行"窗口"菜单中"常规编辑器"下的"连接编辑器"命令,然后选中 group_spine_up 这个组,将之调入"连接编辑器"的右侧,用 spine_mid_con 曲线控制器的旋转属性连接 group_spine_up 上端控制器组的旋转属性,这样就可以实现用 spine_mid_con 曲线控制器旋转来带动上端控制器的旋转动画了,如图 5-42 所示。

图 5-41

图 5-42

5.6 蜘蛛侠躯干骨骼线性 IK 高级旋转设置

5.6～5.7

　　Step1：在"大纲视图"窗口选择 ikHandle1，按 Ctrl＋A 快捷键打开属性，在 ikHandle1 的"高级扭曲控制"下拉菜单中选中"启用扭曲控制"选项，具体参数设置如图 5-43 所示。

　　Step2：首先选择查看骨骼方向，然后进行高级旋转控制设置"世界上方向类型"选择"对象旋转上方向(开始/结束)"，此设置作用主要是自身 Y 轴旋转控制。"上方向轴"设

图　5-43

置为正 Z 轴。"上方向向量"设置为 0，0，1。"上方向向量 2"设置为 0，0，1；然后分别选择
上端和下端的控制器名称粘贴，"世界上方向对象"为 spine_down_con，"世界上方向对象 2"
为 spine_up_con，如图 5-44 所示。

图　5-44

[提示]

注意这里填写的是控制器的名称，不是控制器组的名称。这样就实现了 3 个轴向
上的旋转动画。

5.7 蜘蛛侠躯干骨骼与腿部骨骼连接设置

Step1：选择左右两条腿的骨骼，按 Shift＋P 组合键断开与根骨节的连接，如图 5-45 所示。

图 5-45

Step2：利用 EP 曲线工具绘制创建出根骨节控制器并命名为 RootMastor，如图 5-46 所示。

图 5-46

Step3：把根部控制器 V 键吸附至根骨节处，如图 5-47 所示。

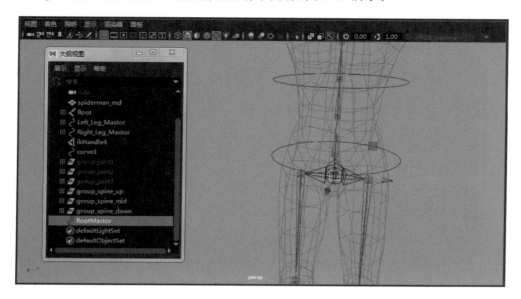

图　5-47

Step4：对根部控制器分别执行居中枢轴命令、冻结变换命令、按类型删除历史命令操作，如图 5-48 所示。

图　5-48

Step5：选择 spine_digu P 给 Root 根骨节，然后把 group_spine_up、group_spine_mid、group_spine_down 控制器 P 给根骨节控制器 RootMastor，如图 5-49 所示。

Step6：移动根部控制器，上面骨骼与控制器跟随运动，但是根骨节不跟随移动，在

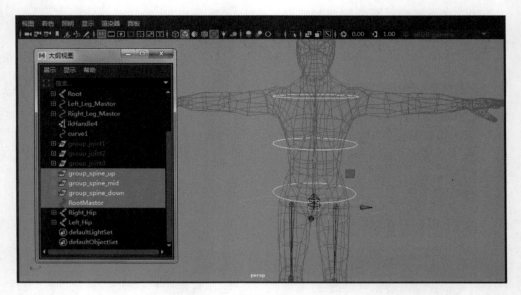

图 5-49

"大纲视图"窗口先选择根骨节控制器 RootMastor,按 Shift 键加选 Root 根骨节,然后执行"约束"菜单下的"父对象",如图 5-50 所示。

图 5-50

Step7:在"大纲视图"窗口选择 Left_Hip 和 Right_Hip,然后加选根部骨节 P 给根部骨节,如图 5-51 所示。

Step8:至此,躯干骨骼绑定与下肢腿部骨骼绑定就建立了关系,可以通过肢体动作简单测试一下绑定的效果,如图 5-52 所示。

图　5-51

图　5-52

本章通过蜘蛛侠躯干骨骼绑定案例的学习，需要重点掌握的知识点有：

（1）认识人体躯干骨架结构与运动原理。

（2）蜘蛛侠躯干骨骼绑定的制作思路。

（3）蜘蛛侠躯干骨骼搭建与关联设置。

（4）躯干线性 IK 的创建与设置。

（5）蜘蛛侠躯干骨骼的控制，尤其是躯干骨骼的高级旋转设置。

第 6 章

蜘蛛侠

Chapter 06

Character Rigging – – –

上肢骨骼绑定

– – – Upper Limb Skeleton Rigging

本章学习目标

***　　了解人体上肢骨架结构重点掌握手臂骨骼架构及其骨骼运动

*　　　　蜘蛛侠手臂骨骼绑定

***　　熟练掌握蜘蛛侠手臂骨骼绑定

　　本章学习电影角色蜘蛛侠手臂骨骼绑定案例,重点学习如何给蜘蛛侠建立手臂部位骨骼,如何设置肩部骨骼的 IK 及手掌的驱动设置。学习蜘蛛侠手臂骨骼绑定的制作思路,熟练掌握手臂骨骼绑定的制作流程。

案例分析:

　　本案例是蜘蛛侠角色手臂骨骼绑定,手臂骨骼绑定的制作思路:

　　》 认识上肢重要绑定骨骼,利用创建曲线定位的方法来创建角色的骨骼。

　　》 上肢肩部骨骼 IK 的建立,并与控制器建立关系。

　　》 驱动关键帧的学习,上肢手掌骨骼的驱动设置。

6.1　认识人体上肢骨骼

　　上肢与胸部和颈部相接,与颈部的分界为颈部的下界,与胸部的分界为三角肌前后缘与腋前后壁中点的连线。上肢由近至远分为五部分,即肩部、臂部、肘部、前臂部和手部,上肢骨骼与肌肉解剖,如图 6-1 所示。肩部可分为胸前区、腋区、三角肌区与肩胛区,臂部、肘部(如图 6-2 所示)和前臂部各又分为前区和后区;手部分为腕、手掌和手指,三部分又各分为掌侧及背侧。

图　　6-1

图　6-2

1．肩和上臂

两块锁骨及两块肩胛骨占据了胸腔顶端,还掩饰了胸廓的颈部。胳膊那根长长的骨头,叫作肱骨,肱骨与关节相接,从肩胛骨外角往下悬挂。锁骨决定了肩的宽度,整条锁骨的长短都看得出、摸得到。肩部结构如图 6-3 所示。

图　6-3

肩关节处一层层的肌肉使得臂与躯干连在了一起。这些肌肉可以扩大臂的活动范围,并在活动上肢时提供强大的力量。肩与臂的肌肉可分为三部分:一部分可作用于肩胛骨上;另一部分盖过肩关节,可挪动臂;还有一部分盖过肩或是肘关节,用来控制前臂。前臂的肌肉群可以作为曲肌,使上肢在肩和肘部弯曲;可以作为伸肌,位于后部,往前伸可以使这些关节伸直;可以作为收肌,使上肢向两边伸展。覆盖着肩胛骨的深层肌肉在肩窝处可以使上肢前后转动。

在上肢运动中,以肩锁关节为支点,肩锁关节也协同肩关节共同运动,从而使上肢在上方、前方运动时,可提高到接近头部的位置。上肢运动主要有肩关节、肘关节、腕关节三大支点的运动,每个支点都具有一定的活动范围。

肩关节本身运动时,上方约 150°～170°,前方约 20°～40°,后方约 40°。肘关节运动时,可以向内旋转约 70°,向外旋转 60°;胳膊前伸直后,肘点可向回运动约 150°,向下约 10°,上肢运动范围,如图 6-4 所示。

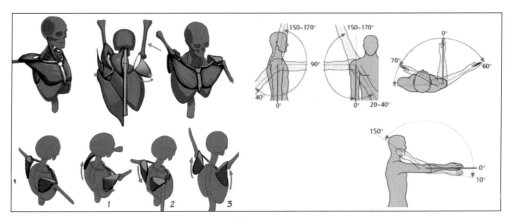

图 6-4

2．前臂和手

前臂的长骨称为尺骨和桡骨，它们平行排列，在肘部与腕部相连接。尺骨在前臂的小手指这一边，而桡骨在大拇指这一侧边。尺骨较长，比桡骨高出一点，如图6-5所示。

图 6-5

前臂和手的肌肉及与之相随的肌腱可分成三群，长伸肌形成了前臂后部，止于手背部，这些肌肉可使手掌后旋，使手腕、手指和拇指弯曲，手掌上的肌肉在屈、伸、收、展手指和拇指的同时使得手有了圆润感。前臂的长肌腱分开并附着在不同的骨头上，使得手的腕骨、掌骨和指骨不仅有力量而且很灵活。

3．手部骨骼

手部骨骼包括腕骨、掌骨和指骨。腕骨由八块小骨组成，分成上下两列，上列有舟骨、月骨、三角骨、豌豆骨；下列有大多角骨、小多角骨、钩角骨、头状骨。八块骨结合紧密，使手腕成为椭圆形。手部骨骼如图6-6所示。

掌骨由五根长骨组成，附在腕骨上。拇指为第一掌骨，食指为第二掌骨，以此类推。每根掌骨由骨体和两个骨端组成，上端与腕骨相接，下端和指骨相接。下端的形状为圆球形。

图中标注：指骨、掌骨、腕骨

图中标注：远端指节关节、指骨体、近端指节间关节、远节指骨、掌骨、小多角骨、大多角骨、舟骨、桡骨、钩骨、头状骨、三角骨、月骨、尺骨

图 6-6

4．手部肌肉

手部的肌肉主要分布在掌侧面，分为拇指侧肌群和小指侧肌群，背部肌肉主要有骨间背侧肌、拇长伸肌腱和指总伸肌腱。肌腱在掌指关节部位和拇指外展时在外形上有明显显现。手部肌肉如图6-7所示。

图 6-7

5．手的形态

手掌的形状可以概括为一个五边形，在侧面加上拇指，前面加上四指基本构成手的形状。掌指关节和手指关节均在弧线上。侧面手的形状如一个楔形体，腕部至指尖由厚变

薄。手指的形体是关节部分较为粗大,尤其是近节和中间节的关节。中间较细,为球状结构。拇指的近节中部前后径窄,末节呈左右径阔扁平形状,并且指端微微上翘。手的形态如图 6-8 所示。

图　6-8

上肢骨骼绑定主要需要掌握的骨骼有锁骨关节、肩关节、肘关节、腕关节、手掌关节(大拇指关节、食指关节、中指关节、无名指关节、小指关节),重点掌握的上肢骨骼,如图 6-9 所示。

锁骨关节

三角肌

肩关节

肱三头肌

挠肌

肘肌

肘关节

尺侧腕屈肌
指伸肌
尺侧腕伸肌

腕骨关节

伸肌支持带
拇长伸肌

手掌关节

图　6-9

6.2

案例操作：

6.2 蜘蛛侠手臂骨骼的创建

通常项目要求角色都是标准的 Tpose(T 形站姿)如图 6-10 所示。下面学习一种新的关于骨骼定位创建法。可以利用创建曲线定位的方法来确定创建角色的骨骼位置，以此来防止角色骨骼的旋转方向产生错误，如图 6-11 所示。

图 6-10

图 6-11

[提示]

　　T形站姿有以下要求：

　　(1) 角色必须面向 Z 轴的正方向。

　　(2) 手臂必须沿 X 轴扩散。因此，左臂应指向 X 轴的正方向。

　　(3) 角色的头顶必须向上，并位于 Y 轴的正方向上。

　　(4) 角色的手将展平，手掌朝向地面，拇指平行于 X 轴。

　　(5) 角色的脚需要垂直于腿（脚趾指向 Z 轴方向，如图 6-10 所示。脚不得绕 Y 轴旋转（即左脚脚趾不应向内朝向右腿，也不应向外远离右腿）。

　　Step1：单击 EP 曲线工具默认为 3 段是绘制弧线，这里设置为线性 1 段，这样就可以绘制直线，如图 6-12 所示。

图　6-12

　　Step2：切换到前视图，首先确立锁骨位置，从锁骨位置开始绘制，然后到肩部，切换到顶视图绘制肘部，再绘制腕部，按 Enter 键确认，如图 6-13 所示。

图　6-13

　　Step3：曲线的空间位置决定着骨骼的关节位置，然后调整曲线到准确的关节位置，如图 6-14 所示。

图 6-14

Step4：同理,利用曲线绘制定位出手掌关节的位置并调整到准确的关节位置,如图 6-15 所示。

图 6-15

[提示]

利用曲线绘制定位关节,作用能保证骨骼的旋转属性不会产生数值。一旦骨骼的旋转属性产生数值,将影响到动画绑定。

　　Step5：分别选择曲线，按 Ctrl＋A 组合键打开曲线属性，在"属性编辑器"中曲线形态节点下找到"组件显示"，选中"显示 EP"复选框，这样曲线上的 EP 点就会显示出来，这样就更方便我们创建骨骼，如图 6-16 所示。

图　6-16

　　Step6：切换到"装备/绑定"模块，然后选择"创建关节工具"命令，单击重置骨骼工具，开始创建骨骼，按住 V 键吸附，从锁骨关节开始创建，然后分别吸附到肩部关节、肘部关节、腕部关节，如图 6-17 所示。

图　6-17

[提示]

骨骼创建完毕,一定要按回车(Enter)键进行确认。

Step7:查看骨骼的方向是否有问题,单击骨骼,然后选择层级,再选择"显示"→"局部旋转轴"命令,这样所有骨骼的方向就会显示出来,我们会发现大部分关节的方向都是X轴指向下一关节,只有腕部关节的方向发生了偏移,如图 6-18 所示。

图 6-18

Step8:这里进行腕部关节的方向修正。选择腕部关节,执行"骨架"菜单下的"确定关节方向"命令,确定关节方向为世界方向,如图 6-19 所示。

图 6-19

Step9：同理，绘制手掌关节，选择手掌关节的末端关节进行方向修正，统一修正方向为 X 轴指向下一关节，如图 6-20 所示。详细操作请参看微课中的视频教学 ▶ 。

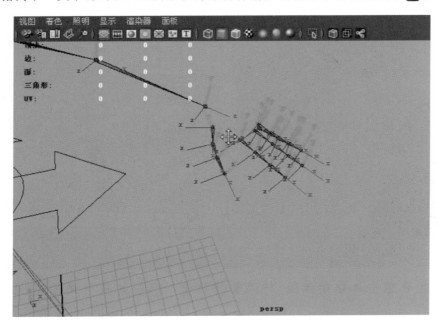

图 6-20

Step10：进行骨骼命名，选择手掌中的大拇指关节，通过"修改"菜单添加层次名称前缀，输入 Thumb_后单击"确定"按钮，如图 6-21 所示。

图 6-21

Step11：选择食指关节，添加层次名称前缀，输入 Index_后单击"确定"按钮，如图 6-22 所示。

图　6-22

Step12：选择中指关节，添加层次名称前缀，输入 Mid_后单击"确定"按钮，如图 6-23 所示。

图　6-23

Step13：选择无名指关节，添加层次名称前缀，输入 Spring_后单击"确定"按钮，如图 6-24 所示。

Step14：选择小指关节，添加层次名称前缀，输入 Spinkey_后单击"确定"按钮，如图 6-25 所示。

图　6-24

图　6-25

　　Step15：分别选择手掌关节，然后加选手腕关节进行 P 建立父子关系。现在肩部骨骼就能控制手掌关节的运动，如图 6-26 所示。

　　Step16：选择锁骨关节，通过"修改"菜单添加层次名称前缀，输入 Left_后单击"确定"按钮，如图 6-27 所示。然后再分别选择锁骨关节、肩部关节、肘部关节、腕部关节，分别命名为 Scole/Clavicle、Shoulder、Elbow、Hand，详细操作请参看微课中的视频教学 ▣。

图 6-26

图 6-27

Step17：选择锁骨关节，执行"骨架"菜单下的"镜像关节"命令，设置镜像平面为 YZ，重复关节的替换名称，"搜索"设置为 Left，"替换为"设置为 Right，单击"确定"按钮，如图 6-28 所示。

Step18：这样右半部分上臂骨骼就快速创建出来了，如图 6-29 所示。

图　6-28

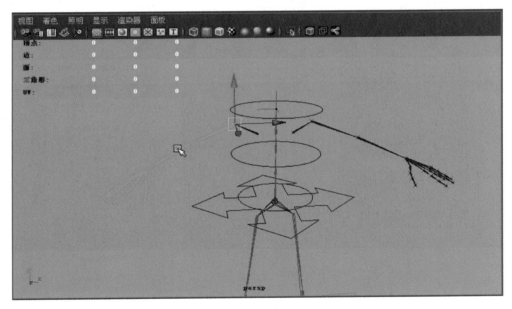

图　6-29

6.3　蜘蛛侠手臂骨骼的设置

6.3～6.4

Step1：创建左手腕控制器，然后命名为 Left_Hand_con，如图 6-30 所示。

Step2：通过打组命令，轴心修改至世界坐标轴，X 轴修改为－1，通过镜像得到右半部分控制器，如图 6-31 所示。

图 6-30

图 6-31

[提示]

  通常在 Maya 建模中为提高工作效率,左右对称的模型只需要制作出一半即可,然后通过复制镜像的方法快速得到另外一半模型。同理,如果想创建左右一样的控制器,也可以利用此方法。先创建好一侧控制器后,通过打组命令轴心回归到世界坐标轴处,然后按 Ctrl+D 快捷键复制,再到通道盒层编辑器下缩放 X 轴修改为一1,这样就得到了另外一侧控制器(注意镜像后的控制器需要解组,然后执行冻结变换和删除历史记录操作)。

  Step3:通过绘制曲线的方法来创建手部控制器,先画出手掌控制器,再分别画出五根手指控制器,然后把五根手指控制器 P 给手掌控制器,如图 6-32 所示。

图　6-32

[提示]

　　控制器创建完毕,先进行 FT 清零,然后执行按类型删除历史命令。

　　按类型删除历史命令与按类型删除全部历史命令的区别:按类型删除历史命令,是清除所选单个物体的历史操作;按类型删除全部历史命令,是清除场景中所有物体的历史操作。

　　在绑定环节中,通常一定要执行按类型删除历史命令,一旦执行按类型删除全部历史命令,绑定系统中的变形器之类就会被删除掉,直接会破坏掉已经绑定好的骨骼系统。切记,命令一定要执行准确。

　　Step4:绘制肩部控制器,吸附至左肩部关节位置,但需将其轴心修改至锁骨关节位置处。然后选择左肩部控制器加选锁骨关节执行父对象约束,如图 6-33 所示。

图　6-33

Step5：单击左肩部关节再单击左手腕关节建立一个 IK 手柄，设置为 ikRPsdver(IK 旋转平面解算器)如图 6-34 所示。

图　6-34

Step6：选择左手腕控制器加选 IK 手柄，执行"约束"菜单下的"点约束选项"命令，选中"保持偏移"选项，如图 6-35 所示。

图　6-35

[提示]

　　点约束命令实际是对手腕关节位移属性的控制。

　　极向量约束命令实际是对肘部关节旋转属性的控制。

　　方向约束命令实际是对手腕关节旋转属性的控制。

Step7：选择左肘部控制器加选 IK 手柄，执行"约束"菜单下的"极向量"约束命令，如图 6-36 所示。

图　6-36

Step8：选择左肘部控制器，P 给左手腕控制器，这样移动手腕控制器，肘部控制器也就跟随运动，如图 6-37 所示。

图　6-37

Step9：创建一个 locator，然后 V 键吸附至左肩部关节处，执行冻结变换操作，之后把 locator P 给肩部控制器，同理操作设置右手，如图 6-38 所示。详细操作请参看微课中的视频教学 。

图　6-38

Step10：一定要把手掌控制器的坐标轴心修改至手腕关节处，需要按键盘上的 Insert 键修改至手腕关节处，再按 Insert 键结束操作，给手腕控制器打组并命名为 Hand_con_ GRP，轴心吸附至手腕处，如图 6-39 所示。

图　6-39

Step11：选择左手掌控制器加选左手掌关节，执行"约束"菜单下的"方向约束选项"命令，选中"保持偏移"选项，如图 6-40 所示。

Step12：选择左手掌控制器 P 给左手掌关节，这样当移动手腕控制器时，手掌控制器会跟随手掌关节进行运动，并且手掌控制器可以单独控制手掌的旋转动画，如图 6-41 所示。

图 6-40

图 6-41

Step13：选择 locator 加选手腕控制器组 Hand_con_GRP 执行"约束"菜单下的"点约束"命令，选中"保持偏移"选项。选择 Hand_con_GRP 再次打组命名为 chest_con_GRP，选择躯干顶部控制器 Spine_Up_con 加选 Chest_con_GRP 执行"约束"菜单下的"父对象"约束命令。同理操作设置右手，如图 6-42 所示。详细操作请参看微课中的视频教学🎬。

图　6-42

6.4　蜘蛛侠手掌驱动设置

6.4.1　学习设置驱动关键帧

要学习设置驱动关键帧,首先要弄清楚设置驱动关键帧的操作流程,其操作流程主要包括两方面:首先,给要设置驱动关键帧的物体(通常是控制器)添加属性;其次,选择控制器的添加属性与物体的某个属性进行驱动关键帧设置。

接下来通过一个自动门小案例来了解设置驱动关键帧的操作流程。

Step1:创建一个小场景,先建立一个球体,再建立两个方盒子,球体和两个方盒子属性一定要冻结变换,如图 6-43 所示。

图　6-43

Step2：执行"动画"→"设置受驱动关键帧"→"设定"命令，如图6-44所示。

图　6-44

Step3：选择球体，然后单击"加载到驱动者"按钮，球体属性就会被加载到驱动者。同时选择两个方盒子加载到受驱动项，两个方盒子属性就被加载到受驱动项，如图6-45所示。

图　6-45

Step4：在"驱动者"栏中选择球体的"平移Z"属性为0时，再选"受驱动"栏中的两个方盒子的"平移X"属性为0时，在数值为0的默认情况下，单击"关键帧"按钮。设置第一个开始状态，如图6-46所示。

图 6-46

Step5：移动场景中的球靠近两个方盒子 Z 轴数值为−10 时，把两个方盒子分别向 X 轴移动。在这个状态下，单击"关键帧"按钮。设置第二个结果状态，如图 6-47 所示。

图 6-47

Step6：至此，整个驱动过程结束。这样当移动球体 Z 轴靠近方盒子的时候，就可以发现两个方盒子自动向两边移动动画，如图 6-48 所示。具体操作可观看微课提供的视频教学 。

图 6-48

[提示]

　　简言之,驱动关键帧就是选择驱动者的某个属性,再选择受驱动的某个属性进行关键帧设置。根据你的需求,比如A的移动属性去驱动B的旋转属性。A为驱动者,B为受驱动者。在默认数值设置下,选择A驱动者和B受驱动者,单击"关键帧"按钮,记录第一个驱动的开始状态,然后变化A(驱动者)和B(受驱动者)的某个属性值,再单击一次"关键帧"按钮,记录第二个驱动的结果状态。

6.4.2 手掌驱动设置

　　Step1：选择左手腕控制器,对其移动、缩放、显示属性进行锁定并隐藏,保留旋转属性,如图6-49所示。

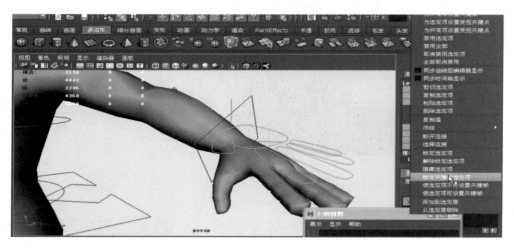

图 6-49

　　Step2：选择左手腕控制器 Left_Finger_con,然后添加属性名称：Make a fist(握拳),最小值为-30,最大值为30,默认值为0,如图6-50所示。

　　Step3：先对小指进行驱动设置,打开"设置受驱动关键帧"窗口,把控制器加载到"驱动者"栏,把小指关节选择加载到"受驱动"栏,如图6-51所示。

167

图 6-50

图 6-51

[提示]

选择骨骼的时候一定要对所有关节的骨骼层次进行选择加载,这样加载的是所有
关节而不是某一个关节。

Step4:先在骨骼层次选择小指所有关节,进行握拳动作,查看其旋转轴向,其旋转轴
向为 Z 轴,如图 6-52 所示。

Step5:选择"驱动者"栏中的 Make a fist,选择"受驱动"栏中的小指所有关节的旋转
Z 轴属性,在默认情况下单击"关键帧"按钮,如图 6-53 所示。

图　6-52

图　6-53

　　Step6：在通道盒属性栏下找到 Make a fist，修改数值为 30 度，然后选择"受驱动"栏中小指所有关节进行旋转角度为－75 度，再选择"驱动者"栏中的 Make a fist，选择"受驱动"栏中小指所有关节的旋转 Z 轴属性，单击"关键帧"按钮，如图 6-54 所示。

图　6-54

Step7：在通道盒属性栏下找到 Make a fist，修改数值为 −15 度，然后选择"受驱动"栏中小指所有关节进行旋转，角度为 10 度，再选择"驱动者"栏中的 Make a fist，选择"受驱动"栏中小指所有关节的旋转 Z 轴属性，单击"关键帧"按钮，如图 6-55 所示。

图　6-55

Step8：同理，驱动无名指、中指、食指的驱动关键帧设置。具体操作可观看微课提供的视频教学 。

Step9：大拇指驱动关键帧设置。只有大拇指比较特殊，因为大拇指的旋转轴向和4 个手指旋转轴向不统一，因此需要单独驱动关键帧设置。先选择大拇指所有关节并将之加载到"受驱动"项，如图 6-56 所示。

图　6-56

Step10：选择"驱动者"栏中的 Make a fist，选择"受驱动"栏中大拇指所有关节的旋转XYZ轴属性，在默认情况下，单击"关键帧"按钮，如图 6-57 所示。

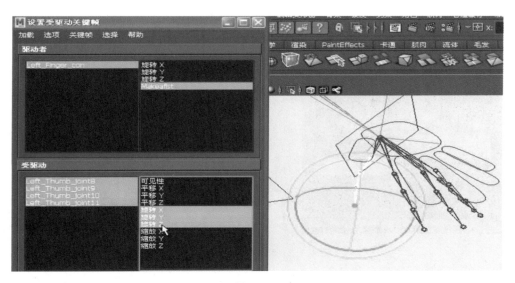

图　6-57

Step11：在通道盒属性栏下找到 Make a fist，修改数值为 30 度，然后选择"受驱动"栏中大拇指所有关节并进行旋转，再选择"驱动者"栏中的 Make a fist，选择"受驱动"栏中大拇指所有关节并将之旋转 XYZ 轴属性，单击"关键帧"按钮，如图 6-58 所示。

图　6-58

Step12：在通道盒属性栏下找到 Make a fist，修改数值为−15，然后选择"受驱动"栏中大拇指所有关节并进行旋转，再选择"驱动者"栏中的 Make a fist，选择"受驱动"栏中大拇指所有关节并将之旋转 XYZ 轴属性，单击"关键帧"按钮，如图 6-59 所示。

Step13：同理，设置左手掌单手指驱动，此处不再赘述。至此左手掌驱动设置完成。同理设置右手掌驱动。具体操作可观看微课中的视频教学。

Step14：选择左右手臂的锁骨关节并按 Shift 键加选颈部骨骼，按 P 键进行父子关系，如图 6-60 所示。

图 6-59

图 6-60

Step15：至此手臂骨骼就和躯干骨骼建立了关系，手臂骨骼绑定完毕，如图 6-61 所示。

图 6-61

本章总结:

本章通过蜘蛛侠上肢骨骼绑定案例的学习，重点掌握的知识点如下：

（1）上肢骨骼绑定制作思路。

（2）认识上肢重要绑定骨骼。

（3）利用创建曲线定位的方法来创建角色的骨骼。

（4）上肢肩部骨骼 IK 的建立，并与控制器建立关系。

（5）驱动关键帧设置。

（6）上肢手掌骨骼的驱动设置。

第 7 章   蜘蛛侠

Chapter 07

Character Rigging - - -

头部骨骼绑定

- - - Head Rigging

本章学习目标

***　　了解人体头部颈部骨骼与肌肉，重点掌握颈部与头部的绑定原理

*　　　蜘蛛侠颈部头部骨骼绑定

***　　蜘蛛侠角色眼睛的设置与全局整理

*　　　掌握角色蒙皮与权重编辑技巧

***　　熟练掌握蜘蛛侠头部骨骼绑定

　　本章学习电影角色蜘蛛侠的头部骨骼绑定案例，重点学习如何给蜘蛛侠建立颈部及眼睛部位骨骼，如何设置头部骨骼的 IK 及眼睛的绑定设置。学习蜘蛛侠头部骨骼绑定的制作思路，熟练掌握头部骨骼绑定的制作流程。

案例分析：

7.1　认识人体头部颈部骨骼

1. 头部骨骼

　　头骨对头部外形起决定作用。头部在外形上分为脑颅与颜面两部分，脑颅部的骨头决定头顶的长短，颜面部的骨头决定脸面的宽窄。头顶的长或短与脸面的宽或窄通常相适应。头部的基本形状略似蛋形，它通过颈部的运动可前俯后仰，左右转动。视线的高低与视角的变化会使头面部的五官位置之间产生各种透视弧线。除下颌骨外，其余各块是连成一体、固定不动的。熟悉头部的骨骼和肌肉，对于头部造型布线及表情动画都很有帮助。头部骨骼如图 7-1 所示。

图　7-1

2. 头部肌肉

　　除了骨骼起到支撑造型的作用以外，附着在头部骨骼上的肌肉也起着同样重要的作用。另外，面部肌肉还有一点重要的功能就是通过肌肉的伸缩运动来支持面部的造型变

化,以此来生成丰富的表情,传达各种情感的变化,头部及颈部肌肉如图 7-2 所示。

头颈部右侧面的肌肉

图　7-2

3. 颈部解剖

颈部后侧及两侧由一些大而有力的肌肉块覆盖着,围绕着颈椎层层分布,可以屈、伸并转动头部,还可以使双肩往上朝双耳处耸起。颈部最突出的是斜方肌、胸锁乳突肌和颈阔肌。胸锁乳突肌从胸骨往上到颈窝处的锁骨,直达耳朵后面的乳突,慢慢变细,如图 7-3 所示。

图　7-3

颈部骨骼需要绑定设置的骨骼主要为颈椎骨，如图 7-4 所示。

图　7-4

　　头部绑定需要设置的骨骼除了颈部骨骼绑定外，主要还有嘴部口腔绑定（上颌骨、下颌骨）、舌头绑定、眼睛部位绑定以及头部绑定（颅骨）。剧情需要特殊情况下角色鼻子也需要架设骨骼进行绑定，还有一些游戏角色，如动物怪兽类角色长有触角、耳朵、辫子等都需要架设骨骼进行绑定。各类游戏角色，如图 7-5 所示。

图　7-5

7.2　蜘蛛侠颈部骨骼设置

7.2

　　了解完颈部与头部骨骼肌肉后，接下来开始蜘蛛侠角色颈部骨骼绑定设置。

　　Step1：打开蜘蛛侠工程目录下的绑定文件，继续介绍蜘蛛侠的头部绑定，如图 7-6 所示。

图 7-6

Step2：选择关节工具,重置一下,默认设置如图 7-7 所示。

图 7-7

Step3：首先开启 Xray 骨骼显示,这样就可以透过模型看到创建的骨骼,然后选择关节工具创建 3 个骨节作为颈部骨节,如图 7-8 所示。

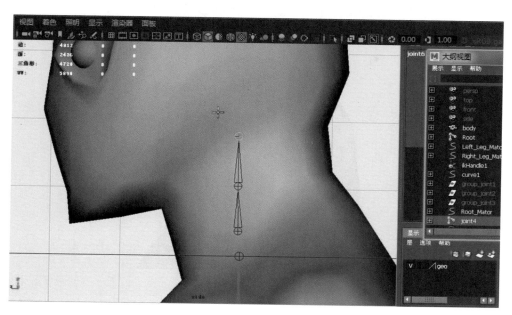

图　7-8

Step4：绘制下颌骨骨骼，如图 7-9 所示。

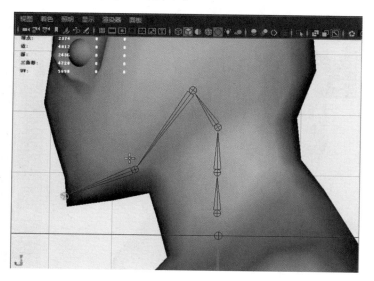

图　7-9

Step5：按小键盘的向上键，回到颈部骨骼的末端，然后再接着绘制头部骨骼，最后按
Enter 键确认，如图 7-10 所示。

Step6：检查骨骼的方向是否正确。选择骨骼，然后执行"显示"菜单"变换显示"下拉
菜单下的"局部旋转轴"命令查看骨骼方向，如图 7-11 所示。

图　7-10

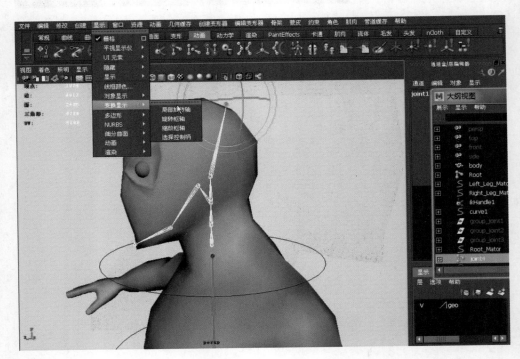

图　7-11

Step7：选择下颌骨末端关节和头部末端关节，执行"骨架"菜单下的"确定骨节方向"命令，选择"确定关节方向为世界方向"，单击"应用"按钮，如图 7-12 所示。

Step8：选择头部骨骼，然后再次执行"显示"菜单"变换显示"下拉菜单下的"局部旋转轴"命令，取消查看骨骼的方向，如图 7-13 所示。

图　7-12

图　7-13

Step9：执行"骨架"菜单下"IK控制柄工具"命令，进行头部IK的设置如图7-14所示。

图　7-14

Step10：IK控制柄工具选择默认设置，用ikSCsolver(单链解算器)进行创建，先从颈部根部关节到颈部末端关节单击创建第一个IK，如图7-15所示。其作用是通过移动颈部的IK可以实现以脖子为轴心，头部做前俯后仰运动。

图　7-15

Step11：IK 控制柄工具选择默认设置，用 ikSCsolver（单链解算器）进行创建，再从颈部末端关节到头部关节单击创建第二个 IK，如图 7-16 所示。其作用是通过移动颈部的 IK 实现在脖子不动的情况下，头部可以做点头抬头运动。

图　7-16

Step12：给头部骨骼创建控制器，点曲线工具设置为 1 线性，在立方盒子上按 V 键吸附创建出曲线立方体控制器，如图 7-17 所示。

图　7-17

Step13：选择控制器，然后再按 V 键吸附至颈部末端关节位置处，如图 7-18 所示。

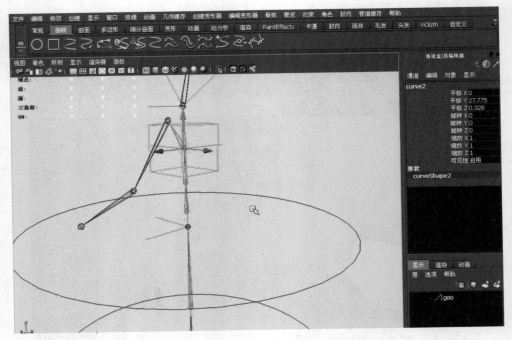

图 7-18

Step14：选择控制器，进入到控制点调整至合适大小，如图 7-19 所示，主要是为了设置动画的时候便于选择。

图 7-19

　　Step15：选择头部控制器，然后执行冻结变换命令，按类型删除历史操作，然后将其命名为 Head_con，如图 7-20 所示。

图　　7-20

　　Step16：选择刚才创建的两个 IK，然后加选头部控制器，然后执行 P 命令（建立父子关系），如图 7-21 所示。这样当移动头部控制器的时候，可实现头部的前俯后仰运动。

图　　7-21

Step17：当往前旋转头部控制器的时候，可实现头部的点头、抬头运动。当左右旋转头部控制器的时候，还能实现头部的左右旋转运动，如图 7-22 所示。

图 7-22

7.3 蜘蛛侠眼睛设置

7.3

本节学习眼睛的控制，简单学习眼球的绑定。

Step1：正常情况下，蜘蛛侠是没有眼睛的，因为他是靠贴图表现的，下面给大家创建了两个眼球，如图 7-23 所示。

Step2：需要先建立控制器，给眼睛建立一个总控制器。创建一个圆圈，然后给他创建一个眼睛总控制器，如图 7-24 所示。

Step3：再建立两个分别是左眼和右眼的控制器。把它放到眼睛的前面部分，简单调整一下。调整合适以后，按 Ctrl＋G 键给它打一个组，按 Ctrl＋D 键复制镜像，如图 7-25 所示。

Step4：打开"大纲视图"，对 group1 和 group2 执行"编辑"菜单下的"解组"命令，然后左眼控制命名为 left_eye_con，右眼控制命名修改为 right_eye_con，眼睛的总控命名为 eye_con，如图 7-26 所示。

Step5：选中 left_eye_con、right_eye_con 和 eye_con 进行修改冻结变换，执行"编辑"菜单下的"按类型删除"→"历史"命令，如图 7-27 所示。

图　7-23

图　7-24

图　7-25

图　7-26

图　7-27

[提示]

　　切记,眼睛绑定的时候一定先把两个眼球先设定父子关系给头部骨骼,然后再去与控制器建立约束关系操作,这样才能保证旋转头部眼球跟随进行旋转,层级关系也就是准确的。

　　Step6:选中"大纲视图"里的 left_eye_con、right_eye_con 父子关系给眼睛的总控 eye_con。这样眼睛的总控就可以控制两个眼球,也可以对眼睛进行单独控制,如图 7-28 所示。

　　Step7:在"大纲视图"里选择上左眼 Left_eyeShape 和右眼 Right_eyeShape,P 给头部 joint6 关节(颈部的末端关节),如图 7-29 所示。

　　Step8:接下来给眼球和控制器进行关联设置,选中"大纲视图"里的先选控制器 left_eye_con 加选左眼球,执行"约束"菜单下的"目标约束选项"命令,选中"保持偏移"选项,单击"应用"按钮,如图 7-30 所示。

[提示]

　　切记,建立任何约束关系,一定都要先选择控制器,然后加选模型再执行约束命令。

　　Step9:选中"大纲视图"里的 eye_con 加选 right_eye_con,执行"约束"菜单下的"目标约束"命令,如图 7-31 所示。

　　Step10:至此,眼球绑定完毕,现在两个眼球受眼睛总控的控制。人被打晕的时候眼睛晕晕的效果,如图 7-32 所示。

图　7-28

图　7-29

图 7-30

图 7-31

图　7-32

7.4　蜘蛛侠全局整理

7.4

　　我们看一下这些骨节的连接。下肢骨骼绑定完毕,躯干和上臂也绑定完毕。接下来就是进行全局的整理关系,应在保证层级关系准确的情况下整理。

　　选择"大纲视图"里的子关节 joint4 加选根关节进行父子关系操作,注意要先选脖子上面的关节,再加选腰椎的末端关节,进行 P(父子关系)操作。选择眼睛控制器 P(父子关系)给颈部控制器,选择颈部控制器 P(父子关系)给根部控制器,选择手部控制器 P(父子关系)给根部控制器,这样整套骨骼系统就完成了。

　　现在需要来整理一下控制器。腿部、腰部、头部都没有问题,但是它们都是单独的,没有进行统筹的管理。下面再建一个全局的大总控大圆圈放到下面。执行"修改"菜单下的"冻结变换"命令,再执行"编辑"菜单"按类型删除历史"命令,命名为 All_mastor。选择头部控制器(Head_con)P 给根部 Root_Mastor,选择左手控制器(Left_Hand_mastor),将之 P 给根部 Root_Mastor,curve11 和 curve10 也 P 给根部控制器。虽然没有建立驱动关系,到后面也可以单独建立。比如说若要翻越物体,正常情况下需要总控 All_mastor 进行控制。

　　这个时候需要整理一下"大纲视图"里的层级关系。首先把根部控制器(Root_Mastor)和腿部控制器(Left_Leg_Mastor 和 Right_Leg_Mastor)都 P 给总控 All_mastor。线性 IK(curve1),这个线性 IK 是一根独立的线,不是我们绘制的控制器。把 curve1 单独保留出来。刚才整理的主要是把上端的控制器都 P 给了根部骨节,下肢控制器还没有实现。现在看一下总控 All_mastor 和这个骨骼 Root 的关系。

在"视窗"面板"显示"菜单下选中"无"选项,把场景中其他的模型都隐藏掉。在"视窗"面板"显示"菜单下选中"关节"选项,可以看到只显示这套关节。现在要让总控 All_mastor 和根部骨节建立关系,在"视窗"面板"显示"菜单里选中"NURBS 曲线"选项。先选中总控 All_mastor 再加选 Root(根部骨节),再在"约束"菜单下执行"父对象"约束命令,单击"应用"按钮。再执行"约束"菜单下的"缩放"约束命令,选中"保持偏移"选项,单击"应用"按钮。在"视窗"面板显示菜单下勾选全部。"大纲视图"里还有一个 curve1 的曲线,要先选择总控 All_mastor 再加选 curve1 进行约束,在"约束"菜单下执行"父对象"约束命令,单击"应用"按钮。再执行"约束"菜单下的"缩放"约束命令,选中"保持偏移"选项,单击"应用"按钮。

把"大纲视图"里的 group_joint1、group_joint2、group_joint3、ikHandle1、ikHandle2、ikHandle3 和 Root 都 P 给总控。现在"大纲视图"里只剩下 body、curve1 和总控 All_mastor。

然后选中 curve1 和总控 All_mastor 打一个组 group1,然后再选中 body 和 group1,打一个组 group2,最后利用打组关系,把蜘蛛侠建立完成。给 group2 重命名为 spiderman_rig。详情请参看微课提供的视频教学。

现在学习如何区分控制器的颜色,目的是为了以后 Key 动画的时候分清楚左右,首先按 Ctrl＋A 键(开启物体属性栏),打开 Left_Leg_MatorShape,在"绘制覆盖"栏选中"启用覆盖"选项,然后把"颜色"设置成红色,控制器的颜色就变成了红色。其他同理设置,如图 7-33 所示。

图　7-33

7.5　蜘蛛侠绑定蒙皮

Step1：这套骨骼系统已经快设置完成了，还有一小部分可以通过绑定蒙皮进行最终设置。例如，现在这套骨骼系统还有许多问题需要解决，现在旋转胸部控制器让 spiderman 的躯干弯曲，会发现头部是不跟着走的，如图 7-34 所示。接下来来解决这些问题。

图　7-34

Step2：在"大纲视图"里打开 spiderman_bip 绑定好的角色，选择模型 body，加选 All_mastor 下的根骨节 Root。执行"蒙皮"菜单"绑定蒙皮"命令，如图 7-35 所示。

Step3：对平滑绑定选项进行恢复默认设置，单击"应用"按钮，如图 7-36 所示。

Step4：单击"应用"按钮后会弹出一个对话框提示，此时需要直接单击 Continue（继续）按钮，系统会自行进行运算，如图 7-37 所示。

Step5：选择 All_mastor 看能不能移走人物，没有问题，也就是说，皮肤和控制器已经建立关系了，如图 7-38 所示。

Step6：测试看一下转头或者摇头没有问题，如图 7-39 所示。

Step7：现在开始做头部和肩部的转动。先选上面的控制器，加选肩部的控制器执行 P 操作。这样在旋转肩部的时候头部也可以跟着一起走了，如图 7-40 所示。

Step8：蒙皮或多或少会产生一些问题，这就需要我们对权重进行编辑粉刷，选择绘制蒙皮权重工具，按一下键盘上的数字 5 键，会发现模型会立即呈现黑白显示。这里白色区域代表完全控制，黑色区域代表不控制，灰色区域代表过渡控制，如图 7-41 所示。

Step9：这个角色的绑定系统制作完成，最后保存文件，如图 7-42 所示。

图　7-35

图　7-36

图 7-37

图 7-38

图 7-39

图 7-40

图 7-41

图 7-42

7.6　蜘蛛侠权重编辑

角色骨骼绑定系统完成后，接下来就是粉刷编辑角色权重了，这也是绑定的工作范畴。因为权重编辑的好坏直接决定模型与绑定系统的完美匹配。所以说权重编辑至关重要。权重编辑一定要合理。粉刷权重一定要注意每一个关节在运动的时候都不能出现错误，一定要注重一些小的细节，否则就会影响角色的动画效果。

通常是如何编辑权重的呢？这里介绍两种常用的编辑权重的方法。

[提示]

编辑角色权重之前，通常都是先利用控制器摆个 POSE（姿势）造型，编辑好权重后，把控制器一定恢复到初始状态。

方法一：绘制蒙皮权重工具

选中蜘蛛侠角色手指模型，然后接着右击，选择"绘制蒙皮权重工具"命令，如图 7-43所示。这时会发现模型会立即呈现黑白显示。这里白色区域代表完全控制，黑色区域代表不受控制，灰色区域代表过渡控制。绘制蒙皮权重工具主要是利用笔刷进行绘制黑或者白来进行影响权重的大小范围（具体详情请参看微课的视频教学 📀）。

图　7-43

方法二：组件编辑器

用顶点编辑模式选中蜘蛛侠角色手指模型的点，执行"窗口"菜单"常规编辑器"下拉菜单选择"组件编辑器"，可以利用它来快速编辑蒙皮权重。蒙皮权重最常用的就是方法一笔刷绘制权重，但是有的时候用笔刷绘画很难找到相应的黑白颜色显示。这时我们就得用"组件编辑器"编辑。打开"组件编辑器"后会发现里面有一个平滑蒙皮选项，然后在"组件编辑器"里面找，它应该归属于哪根骨骼。正常情况下，骨骼对蒙皮点的最大影响力为"1"，最小影响力为"0"。在 Smooth Bind 光滑蒙皮方式下，一个蒙皮点可以同时受到多根骨骼的影响，因此在骨骼交接位置蒙皮点的影响力（即权重值）多为 0~1 之间的小数。里面有数值，看数值大小，就能看出权重范围。"组件编辑器"里面哪个数值最大就代表模型权重是受哪一根骨节的影响控制最大。找数值最大的保留，其他的骨节单元格就直接输入 0 即可，详细操作请参见第 1 章节中精确编辑权重法（组件编辑器），如图 7-44 所示（具体详情请参看微课的视频教学 ）。

图 7-44

编辑权重就这两种方法，最常用的就是绘制蒙皮权重工具，比较高级的就是在组件编辑器进行数值输入影响权重。用"组件编辑器"编辑权重相对比较快，用粉刷权重工具去绘制相对来说比较慢一点。

角色绑定系统就是这么简单，主要分成 4 部分绑定（下肢、躯干、上肢和头部）。最后与一个总控建立关系就可以了，然后编辑好模型的权重就大功告成了。

本章通过蜘蛛侠头部骨骼绑定案例的学习，重点掌握的知识点：

（1）头部骨骼绑定制作思路。

（2）认识头部颈部重要绑定骨骼。

（3）蜘蛛侠角色颈部骨骼绑定。

（4）蜘蛛侠角色头部骨骼绑定及眼睛部位绑定设置。

（5）全局整理的重要性。

（6）角色蒙皮与权重编辑技巧。

本章学习目标

*** 　了解 HumanIK 角色绑定系统与 HIK 系统创建流程
* 　　能设置 HumanIK 角色绑定系统
*** 　掌握 HumanIK 重定目标动画移植功能
* 　　综合应用 HumanIK 绑定系统进行蜘蛛侠角色绑定
*** 　熟练掌握权重的编辑和 HumanIK 绑定技术的应用

　　本章重点学习如何使用 HumanIK 绑定系统对蜘蛛侠角色进行绑定技术，介绍 HumanIK 绑定系统与创建流程及掌握重定目标动画移植功能，通过蜘蛛侠绑定案例的学习，熟练掌握 HumanIK 绑定技术的高级应用。

8.1　HumanIK 角色绑定系统

8.1.1　HumanIK 角色绑定系统概述

　　从 Maya 2011 版本起，就将原有的 FBIK（全身反向动力学）系统升级为 HIK（人类角色反向动力学）系统。HumanIK 工具提供了完整的角色关键帧设置环境，其中有全身和身体部位关键帧设置和操纵模式、辅助效应器和枢轴以及固定，如图 8-1 所示。

图　8-1

　　HumanIK 角色绑定系统提供了重定目标引擎（动画移植）功能。利用该功能可以轻松地在不同大小、比例和骨架层级的角色之间对动画进行重定目标，如图 8-2 所示。该功能不仅仅针对人类角色，还可用于四足角色。

图　8-2

与过去 Maya 中内置的 FBIK 系统相比,HIK 简化了很多流程,并且可以快速地将用户自定义的骨架加入到 HIK 解算系统中。HIK 使用黄色的 FK 骨架图形来代替过去的 FK 关节,可以直接在场景中进行控制,而不需要像传统 FBIK 那样进行 FK 和 IK 模式的切换——FK 和 IK 的无缝切换有了崭新的控制方式。事实上,FK 控制器的动画效果也就是最后的关节动画效果,只不过它可以同时使用效应器的移动和自身的旋转来实现相同的动画,它的最终动画效果是由自身的旋转动画和效应器的吸附程度决定的。HIK 的动画设置方法和 FBIK 大同小异,所不同的是,HIK 支持了 Autokey(自动设置关键帧)功能,动画曲线的调节也更加直观。

Maya 的 HumanIK 工具已设计为与其他 Autodesk 应用程序保持一致,可以在动画流程中的应用程序之间传递角色资源。例如,在 Maya 中创建和绑定角色,可以使用"发送到"(Send to)命令在 Maya 和 MotionBuilder 之间传递 HumanIK 角色数据。这意味着不再需要将角色从 Maya 导出 FBX 格式即可将角色导入 MotionBuilder,如图 8-3 所示。将绑定发送到 MotionBuilder 进行运动捕捉数据,然后使用 Maya 中的层继续细化动画。

MotionBuilder　　　　　　　　　　　　　　　　Maya

图　8-3

若要在 Maya 的"文件"(File)菜单中查看"发送到 MotionBuilder"(Send to MotionBuilder)命令,必须安装 MotionBuilder 的等效版本。

相信 HumanIK 将会成为一个很流行的角色动画绑定系统。

[提示]

　　HumanIK 在 Maya 中作为自动载入插件提供。如果需要手动加载 HumanIK,请使用插件管理器(通过"窗口"→"设置/首选项"→"插件管理器"命令(Window→Settings/Preferences→Plug-in Manager))选择 mayaHIK 插件。

　　若要对 Maya 中的动画重定目标,每个角色必须有 HumanIK 骨架定义。使用"角色控制"(Character Controls)中的"定义"(Definition)选项卡创建并锁定骨架定义。

8.1.2　HIK 系统创建流程

(1)启用 HIK 面板。在 Skeleton(骨架)菜单下,选择 HumanIK,进入 HIK 系统的创建面板,如图 8-4 所示。如果 Maya 不包含 HIK 系统,则需要在插件管理器中加载 mayaHIK.mll。

图　8-4

(2)创建 HIK 骨架。如果场景中还没有任何 HIK 系统,则单击 Skeleton 即可创建一套骨骼。

(3)调整比例。HIK 系统的骨架,默认是以 1.8m(Maya 中的场景数值为 180cm)左右的角色身高为基础的,对于通常以 1∶100(模型∶实际)比例的三维动画而言显得巨大,因此需要将 CharacterScale 数值设置为 0.01,如图 8-5 所示。

图 8-5

[提示]

　　数值会在骨架比例发生变化后自动回复到1,用户可根据场景比例进行 HIK 骨架的任意缩放。

　　游戏通常都会匹配现实的单位比例,此时的骨架需要调整的范围则不会太大。

8.1.3　HumanIK 角色结构

1. HumanIK 角色

　　每个要在重定目标流程中使用的角色必须设置为 HumanIK 角色。若要作为HumanIK 角色运行,角色必须具有有效的骨架定义,映射出它的骨架结构。

　　为使 HumanIK 将生物机械模型应用于角色,需要使用 HumanIK 为内置的映射创建默认 HumanIK 骨架(创建和定义 HumanIK 骨架),或将 HumanIK 可以识别的节点映射到角色现有骨架中的关节(为 HumanIK 定义现有骨架)。如果映射现有骨架,则必须映射 HumanIK 所需的全部 15 个节点,这样即可标识角色骨架的主要元素。如果未为这 15 个必需节点提供特征,则无法在运行时使用 HumanIK 控制角色。在"角色控制"(Character Controls)中,只有成功映射所有这些必需节点后才能保存或锁定特征。

　　强烈建议读者同样尽可能多地将角色骨架中的其他骨骼映射到其他 HumanIK 可选节点,这样将提高 HumanIK 在运行时构建姿势的质量和可信度。以下部分提供了一些有关如何确定应将哪些骨骼映射到哪些节点的指导。

2. 必需节点

HumanIK 解算器所需的 15 个节点会显示在"角色"(Character)视图的全身布局中,并一同分组在"名称匹配"(Name Match)视图的"必需"(Required)组中,如图 8-6 所示。

图　8-6

这些必需节点可标识角色骨架中的主要关节:踝关节、膝关节、髋关节、脊椎底部关节、肩关节、肘关节、腕关节和头部关节。找出骨架中哪个骨骼将映射到这些节点,如表 8-1 所示。

表　8-1

节　　点	映　　射　　到
髋部	角色的脊椎和腿部链的父对象的骨骼
左大腿和右大腿	角色的大腿中的第一个骨骼
左腿和右腿	角色的小腿中的第一个骨骼
左脚和右脚	从角色的踝部延伸到脚的第一个骨骼
脊椎	脊椎中的第一个骨骼,位于映射到髋部节点的骨骼之上。表示脊椎底部
左臂和右臂	角色的上臂中的第一个骨骼
左前臂和右前臂	角色的前臂中的第一个骨骼
左手和右手	从角色的腕部延伸到手的第一个骨骼
头	角色的脊椎中的最后一个完整的骨骼,不是头顶,而是颈部链中最后一个完整的骨骼。这通常是控制头部蒙皮的骨骼

3. 脊椎节点和颈部节点

HumanIK 解算器最多可支持 9 个其他脊椎节点(Spine1～Spine9)以及 10 个颈部节点(Neck 以及 Neck1～Neck9)。自下而上对这些节点进行编号,越靠近髋部,编号就越小;越靠近头部,编号就越大。

(1) 将角色的脊椎中的第一个骨骼映射到必需的脊椎节点。

(2) 将角色的脊椎中的每个后续骨骼都映射到下一个可用的脊椎节点(Spine1、Spine2、Spine3 等),直到到达角色的锁骨或肩部骨骼处与脊椎相连接的点为止。HumanIK 假定手臂已连接到脊椎中定义的最后一个节点。

(3) 将未映射到脊椎节点的角色的脊柱中的第一个骨骼映射到颈部节点。

(4) 将位于已映射到颈部节点和头部节点的骨骼之间的每个后续骨骼映射到下一个可用的颈部节点(Neck1、Neck2、Neck3 等)。定义脊椎或颈部节点时不能跳过编号。例如,如果 Spine1 和 Spine2 节点为空,则不能将骨骼映射到 Spine3。

4. 手节点和脚节点

手和脚在 HumanIK 中完全等效,每只脚和每只手均可包含相同类型的关节。但是,需要单独定义角色的每只脚和每只手。这使得每个角色内更为复杂。例如,一个海盗角色可以有一只脚踝以及下方没有任何关节的木制假腿,一只脚趾跟有一个关节,但关节连接和脚趾不完整的穿靴的脚、一只关节完整的手和一只缺少几根手指的残疾手。

5. 手指节点和脚趾节点

通过"角色控制"(Character Controls)中的"定义"(Definition)选项卡,可以为每只脚和每只手最多配置 6 个脚趾或手指。从左到右,手指和脚趾通常分别称为拇指、食指、中指、无名指和小指,以及大趾、二趾、中趾、四趾和小趾。HumanIK 还支持使用额外的第六个脚趾或手指(称为附加脚趾或手指)。但是,剩余手指的关节以及右手、左脚和右脚的关节都会遵循相同的命名约定。

(1) 每个手指和脚趾最多可以包含 4 个主要关节,标识为 1、2、3 和 4。映射这些手指节点或脚趾节点时不能跳过编号。例如,在没有映射 LeftHandIndex1 和 LeftHandIndex2 这两个节点的情况下不能映射 LeftHandIndex3 节点。

(2) 为达到特殊效果,每个手指还提供了其他附加手内侧关节(LeftInHandPinky 和 LeftInHandThumb)。可以选择这些节点,也可以忽略这些节点。这些可选手内侧关节被忽略时,手指的第一个关节将直接附加到指根节点(LeftHandFingerBase)。指根节点同样被忽略时,所有手指将直接附加到所需的腕部节点。

(3) 无论是否存在指根节点,拇指将始终直接连接到腕部节点。

(4) 定义角色的手指和脚趾时,通常建议将每个手指尖和脚趾尖映射到节点。此操作在操纵手指或脚趾 IK 效应器时尤其有用。

6. 指根节点和趾根节点

可选指根节点和趾根节点在角色的手和脚内侧提供了关节,这些关节位于手指和脚趾弯曲的点处。在每个脚趾或手指不需要完整的关节连接,但在指关节处弯曲手或脚可增加真实感的情况下,这些节点的使用最频繁。例如,对单穿有闭合鞋的角色而言,即使未为各个脚趾定义任何节点,通过趾根节点,脚同样可以在趾根处像铰链一样弯曲。

7. 特殊节点

除上面讨论的节点以外,HumanIK 还支持以下节点以达到特殊效果。

1)肩部节点和附加肩部节点

HumanIK 在身体的每一侧都提供了两个肩部节点,这有助于在手臂旋转和抬起时模拟人体肩部的移动。

如果骨架包含位于脊椎和已映射到左臂或右臂节点的骨骼的骨骼之间,则可以将这些骨骼映射到左肩节点、右肩节点、附加左肩节点和附加右肩节点。必须首先映射肩部节点;如果已映射左肩节点,则只能映射附加左肩节点。

2)侧滚节点

通过侧滚节点,可以为角色的上臂、下臂、大腿和小腿映射骨骼。HumanIK 解算器将侧滚旋转应用于具有一个子侧滚节点的节点时,即会从父节点提取该侧滚节点的百分比,并将其应用于子侧滚节点。此过程称为侧滚提取。侧滚提取模拟两足动物和四足动物的手臂和腿围绕其轴旋转的实际方式。通过从更合适的位置继续沿着肢体方向控制蒙皮变形,可大大提高为蒙皮角色创建的动画的真实感。

3)参照

此节点旨在用作角色的整体平移、旋转和缩放的可选存储库。可将其视为角色的髋部的抽象父对象。

在大多数情况下,无须使用参照节点。参照节点主要用于某些特定的情况,例如:

(1)模型的髋部包含定义了角色的整体平移、旋转和缩放的父对象时。在这种情况下,使用参照节点可以方便地将数据从父对象同步到 HumanIK。

(2)进行动画重定目标时,可以指示 HumanIK 来强制目标角色精确遵循源角色的移动比例。在这种情况下,使用参照节点是修改目标角色的整体平移、旋转和缩放的唯一方法。

4)HipsTranslation

该节点用作平移角色髋部的独立存储库。如果要针对角色定义该节点,且 HumanIK 解算器需要偏移角色"髋部"(Hips)节点的平移,则结果平移将存储回映射到 HipsTranslation 节点的骨骼中,而不是存储在映射到"髋部"(Hips)节点的骨骼中。

默认情况下,即使已定义 HipsTranslation 节点,仍会将髋部的旋转存储在"髋部"(Hips)节点中。但是,可以将 HumanIK 配置为将髋部的旋转存储在髋部转换节点中,也可以使用髋部转换节点将源角色的轨迹重定目标到目标角色。

8.1.4　控制装配、效应器和枢轴

1. 为控制装配设定关键帧

为角色控制装配设定关键帧涉及对多个效应器及其特性的选择。在角色控制(Character Controls)中,可以在控制选项卡工具栏中选择设置关键帧模式按钮,以快速设置一次是要操纵和设置单个效应器(选择)、效应器的逻辑组(身体部位),还是所有效应器(全身)。

为控制装配设定关键帧时,可以根据当前设置关键帧模式和其他选项,在效应器的逻辑组上快速设置关键帧。关键帧一旦设置完成,即可在"曲线图编辑器"(Graph Editor)、"摄影表"(Dope Sheet)和"时间滑块"(Time Slider)中查看和操纵关键帧组。

2. 效应器固定

如果使用控制装配来操纵角色,则可以固定效应器,以便限制身体移动并影响其他关节相对于固定效应器的行为方式。这可用于选择性地操纵角色部位,而不会影响整个层次。

例如,如果固定两个腕部和踝部的平移和旋转,则可以看到无论如何移动角色身体,手腕仍保持在原来的位置。

3. 辅助和枢轴效应器

可以将辅助对象添加到角色的控制装配效应器,以便为角色提供另一级别的 IK 控制。有两种类型的辅助对象:效应器和枢轴。

辅助效应器可在多种情况下提供一个其他级别的 IK 控制,例如:

(1) 确保角色手臂总是能达到并朝向支撑(例如武器)。

(2) 稳定角色的脚,使它们不会在地板上滑动。

(3) 若要执行该操作,可以为主 IK 脚效应器创建辅助效应器,然后将辅助效应器放置于地板上脚滑动的位置。将"IK 混合"(IK Blend)值定义为最大(达到 100%)。

(4) 播放录制时,脚效应器达到并朝向位于脚开始滑动的帧上的辅助效应器,且 IK 混合平移(IK Blend T)和 IK 混合旋转(IK Blend R)滑块随动画播放而移动。

枢轴效应器可用于快速定义,以及为 IK 控制装配效应器的多个旋转枢轴点设定动画。可以将枢轴点用于任何角色动画,这些枢轴点特别适用于使用多个旋转点来操纵角色脚或手的情况。

例如,通过在角色脚中为 IK 效应器创建多个枢轴效应器,脚可以围绕多个独立的枢轴点进行旋转,以创建出自然的循环行走。设定关键帧时,可以在枢轴点之间切换,从而使脚围绕踝部、脚跟、脚趾根部、脚趾尖部甚至脚侧面进行旋转。

枢轴效应器基于其创建 IK 效应器的位置,因此枢轴效应器在场景中没有独立的位置。可以将它们作为子控件,用于从不同有利点操纵 IK 效应器。旋转任意枢轴也会对效应器产生影响,类似于对效应器自身进行操纵。

8.2 设置 HumanIK 角色

1. 打开 HumanIK 角色设置工具

打开"角色控制"(Character Controls)请执行下列任一操作:

选择"骨架"→HumanIK(Skeleton→HumanIK)命令。

选择"窗口"→"动画编辑器"→HumanIK(Window → Animation Editors → HumanIK)命令。

2．创建 HumanIK 骨架定义

若要在 HumanIK 设置关键帧或重定工作流目标中发挥作用，角色需要骨架定义。创建骨架定义是映射角色骨架的结构的过程，以便 HumanIK 解算器可以理解它。

HumanIK 角色设置的方法取决于是否要使用现有骨架。

3．为 HumanIK 准备现有骨架

在使用"定义"（Definition）选项卡将角色骨架中的骨骼映射到 HumanIK 解算器理解的节点之前，必须将角色设置为基本的 T 形站姿，以便为 HumanIK 提供有关角色骨架和关节变换比例的重要信息。

角色的 T 形站姿必须尽可能与以下的描述和示例相匹配，以便反向运动学和重定目标解算器为角色生成精确的结果。如果未正确配置 T 形站姿，那么解算器会将全部操作基于错误数据之上，并很可能产生出歪斜、古怪或意想不到的姿势。

T 形站姿有以下要求：

（1）角色必须面向 Z 轴的正方向。

（2）手臂必须沿 X 轴扩散。因此，左臂应指向 X 轴的正方向。

（3）角色的头顶必须向上，并位于 Y 轴的正方向上。

（4）角色的手将展平，手掌朝向地面，拇指平行于 X 轴。

（5）角色的脚需要垂直于腿（脚趾指向 Z 轴方向，如图 8-7 所示）。脚不得绕 Y 轴旋转（即左脚脚趾不应向内朝向右腿，也不应向外远离右腿）。

（6）典型的 T 形站姿，如图 8-7 所示。

图　8-7

HumanIK 可用于控制四足动物以及两足动物。如果为四足动物的角色创建特征，则必须将角色骨架设置为如图 8-7 所示的相同的 T 形站姿。尽管此两足动物 T 形站姿对于四足动物而言有些古怪，但必须将角色设置为该两足动物位置，才能确保 HumanIK 可以

正确地设置角色骨架的比例。

4．创建和定义 HumanIK 骨架

例如，如果现有角色模型需要一个骨架，请执行以下步骤。

打开角色控制(Character Controls)("骨架"→HumanIK(Skeleton→HumanIK))，然后执行下列任一操作来创建新的 HumanIK 骨架定义和骨架。

(1) 单击"开始"(Start)窗格的"创建"(Create)区域中的"骨架"(Skeleton)按钮。

(2) 选择■→"创建"→"骨架"(Create→Skeleton)命令。具有有效骨架定义的默认骨架将显示在场景中。

(3) 选择■单击→"编辑"→"定义"→"重命名"(Edit→Definition→Rename)命令以对角色重命名。

(4) 使用各种骨骼和关节设置来调整骨架，使其适合角色结构。

[提示]

> 如果要将默认骨架绑定到现有模型，请加载模型并使用"角色比例"(Character Scale)滑块以交互方式调整默认骨架的比例，直到其大致匹配模型的大小。
>
> 如果默认骨架比例与角色并非完全相符，请根据需要平移并旋转骨骼，直到适合角色为止。

例如，如果角色的肢体比默认生成的骨架更长或更短，请选择生成的骨架肢体并对其进行平移，直到适合角色为止(请记住，无论角色的比例如何，都必须在 T-stance 中进行定义，面向正 Z 轴，Y 轴向上，且手臂与 X 轴对齐)。

完成定义骨架后，可以选择■→"创建"→"控制装配"(Create→Control Rig)命令来创建控制装配。该操作会自动锁定骨架定义。

5．为 HumanIK 定义现有骨架

完成角色映射过程主要有两种方法，具体取决于是否为角色的骨骼使用标准命名约定。

对于这两种方法，可以按如下方式做好准备：加载骨架。在尝试创建定义之前，请确保已遵循为 HumanIK 准备现有骨架中的指导方针，并且已按照 HumanIK 角色结构中所述的内容对角色进行设置。

打开角色控制(Character Controls)("骨架"→HumanIK(Skeleton→HumanIK))，然后执行下列任一操作来创建新的 HumanIK 角色。

单击"开始"(Start)窗格的"定义"(Definition)区域中的"骨架"(Skeleton)按钮。

选择■→"定义"→"骨架"(Definition→Skeleton)命令。

(可选) 若要重命名角色，请单击■→"编辑"→"定义"→"重命名"(Edit→Definition→Rename)命令。

请选择下列方法之一来映射角色的结构：

开始将骨骼映射到"角色"(Character)视图：从"定义"(Definition)选项卡转到骨架：在"角色"(Character)视图中双击单元(单元在单击时将变为蓝色)，然后单击场景中对应

的骨骼(例如,还可以在"大纲视图"(Outliner)或 Hypergraph 中选择骨骼)。

从骨架转到"定义"(Definition)选项卡:选择骨骼,然后在"角色"(Character)视图中的相应单元上右击,然后选择"指定选定骨骼"(Assign Selected Bone)命令。

"角色"(Character)视图中的骨骼将变为绿色,以指示每个有效的骨骼。

[提示]

如果已使用标准的左/右命名约定并启用"镜像匹配"(Mirror Matching)选项,且映射(例如)右腿的骨骼,该工具将自动映射左腿的骨骼。

继续映射,直到定义完所有需要的骨骼为止。映射所有必需的骨骼之后,验证状态指示器将变为绿色,如图 8-8 所示。

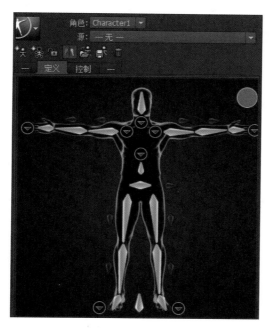

图　8-8

(可选)展开"角色"(Character)视图的附加区域,可以映射其他可选关节(如其他脊椎关节或侧滚骨骼)。

(可选)映射引用骨骼。

[提示]

映射引用对象是可选操作,但强烈建议执行该操作。

若要快速创建引用对象,请创建一个定位器(创建→定位器(Create→Locator)),并将该定位器设置为角色骨架层次的根的父对象。然后,可以将该定位器映射为角色的"引用"(Reference)。

(2)根据命名模板自动映射骨骼。

选择要指定的第一个骨骼。

单击"定义"(Definition)选项卡工具栏中的"加载骨架定义"(Load Skeleton Definition)按钮 ![icon] 。

在出现的"加载骨架定义"(Load Skeleton Definition)窗口中,从"模板"(Template)下拉列表中选择要应用的命名模板。

默认情况下,该列表包含"角色控制"(Character Controls)提供的所有模板以及已创建的任何模板。若要导航并选择未列出的模板,请单击"浏览"(Browse)按钮。

例如,如果角色关节是根据 HumanIK 命名约定(在名称匹配视图中已列出)命名的,则可以使用 HIK 模板自动完成映射过程。

[提示]

可以选择 ![icon] →"编辑"→"定义"→"加载骨架定义"(Edit → Definition → Load Skeleton Definition)命令,以应用自己的命名模板。

如果要限制模块仅与骨架中的骨骼子集匹配,请选择这些骨骼。

设定名称匹配的范围。

选择"使用前缀匹配所有骨骼"(Match all bones with prefix)选项,可以映射其名称中包含该字段中显示的前缀以及映射模板中所含后缀的所有骨骼。建议的前缀是从选定的骨骼中获取的。如果建议的前缀与要定义的骨架使用的前缀不匹配,则可以更改该前缀。选择"仅匹配选定的骨骼"(Match only selected bones)选项,以限制后缀仅与选定的骨骼匹配。

单击"确定"按钮。

6. 导入或导出 HumanIK 骨架模板

在"角色控制"(Character Controls)中设置骨架时,可以导出关节位置的模板,然后重复使用该模板来创建其他类似的骨架。

1) 导出 HumanIK 骨架模板文件

在"角色控制"(Character Controls)中,选择 ![icon] →"编辑"→"骨架"→"导出模板"(Edit→Skeleton→Export Template)命令。

在出现的"导出模板"(Export Template)窗口中,输入文件名,然后单击"保存"(Save)按钮。

关节的全局转换数据作为文本文件保存在"导出模板"(Export Template)窗口中选择的位置。

2) 导入 HumanIK 骨架模板文件

加载或创建默认的骨架。

在"角色控制"(Character Controls)中,选择 ![icon] →"编辑"→"骨架"→"导入模板"(Edit→Skeleton→Import Template)命令。

在显示的"导入模板"(Import Template)窗口中,选择之前保存的 .hik 模板文件,然后单击"打开"(Open)命令。

创建或加载的骨架将更新为使用模板文件的关节位置。

7. 定义侧滚骨骼行为

通过"属性编辑器"(Attribute Editor)中的侧滚骨骼控件,可以定义在旋转角色的肢体时希望角色的侧滚骨骼有哪些行为。

定义侧滚骨骼行为的步骤如下:

在"角色控制"(Character Controls)中,确保将要处理的角色选择为当前角色。

选择 🔘→"编辑"→"定义"→"编辑特性"(Edit→Definition→Edit Properties)命令。

在"属性编辑器"(Attribute Editor)中的 HIKProperties 选项卡上,展开"侧滚和俯仰"(Roll & Pitch)标题。

对于为角色定义的每个侧滚骨骼,请使用"侧滚"(Roll)滑块来定义旋转关联的角色肢体时,每个目标侧滚骨骼受影响的程度。

例如,现已定义了一个"左前臂侧滚"(Left Forearm Roll)骨骼,"左肘侧滚"(Left Elbow Roll)特性控制左前臂侧滚和肘部之间的分布。将"左肘侧滚"(Left Elbow Roll)滑块设定为 0.500,表示在旋转左臂时,左前臂和左肘侧滚之间将分布 50% 的左肘侧滚。

如果没有"左前臂侧滚"(Left Forearm Roll)骨骼,则"左肘侧滚"(Left Elbow Roll)会控制左手和肘部之间的分布。

[提示]

> 如果没有为当前角色定义侧滚骨骼,则相关联的"侧滚"(Roll)滑块不可编辑。

8. 激活并配置镜像匹配

典型两足动物骨架中的多个骨骼由身体反面中的另一骨骼镜像。例如,右上臂由左上臂镜像,右脚由左脚镜像。除了作为指示该骨架是否位于角色的右侧或左侧的名称的一部分以外,许多骨架命名约定还会将相同的名称指定给这些已镜像的骨骼。例如,右前臂为 Character_R_ForeArm,且左前臂为 Character_L_ForeArm。

如果骨架中使用的命名约定遵循该标准类型,则可以使用镜像匹配模式,以自动映射已镜像的骨骼。

激活镜像匹配模式,执行下列操作之一:

选择 🔘→"编辑"→"定义"→"镜像匹配"(Edit→Definition→Mirror Matching)命令。

在"定义"(Definition)选项卡工具栏中单击 🔳 。

在身体的反面使用镜像映射骨骼时,该工具将检查选定骨骼的名称,查看它是否包含通常用来指示骨骼位于身体左侧或右侧的任何子字符串的预设列表。如果它找到这些子字符串之一,则会查找另一个与当前骨骼具有相同,但其镜像对子字符串与身体另一侧对应的骨骼。如果在骨架中找到该骨骼,则该骨骼将自动映射到身体另一侧对应的节点中。

例如,如果将右肘节点映射到名为 Character_R_ForeArm 的骨骼,则"定义"(Definition)选项卡工具栏会将 R_替换为 L_,并将名为 Character L_ForeArm(如果存在)的骨骼映射到左肘节点。

如果在骨骼命名约定中使用不同的子字符串来指示身体的左侧和右侧,则可以将新的子字符串对添加到"角色控制"(Character Controls)检查过的列表中。

配置镜像匹配中使用的子字符串对的步骤如下:

选择 →"编辑"→"定义"→"配置镜像匹配"(Edit→Definition→Configure Mirror Matching)命令,以打开"镜像配置"(Mirror Configuration)窗口。

该窗口包含当前为镜像匹配模式配置的所有子字符串对列表。

在"镜像配置"(Mirror Configuration)窗口中,执行以下任一操作:

若要添加新的子字符串对,请单击＋号按钮,将新行添加到该表中。在新行中,为身体的左侧和右侧输入子字符串。

若要移除子字符串对,请在表中选择要移除的行,并单击－号按钮。

配置完子字符串对之后,请单击"确定"按钮。

9. 创建控制装配

在拥有包含有效骨架定义的骨架后,即可为角色创建控制装配。角色必须具有控制装配才能收到重定目标的动画。

[提示]
> 注意在"角色控制"(Character Controls)中选择"控制装配"(Control Rig)或其他角色作为其源时,将自动为角色创建控制装配,无须手动创建装配。

1) 创建控制装配

加载具有有效骨架定义的 HumanIK 角色。打开"角色控制"(Character Controls)。从"角色"(Character)菜单中选择 HumanIK 角色并执行下列操作之一:

从"源"(Source)菜单中选择"控制装配"(Control Rig)命令。

单击 →"创建"→"控制装配"(Create→Control Rig)命令。"控制"(Controls)选项卡将显示在"角色控制"(Character Controls)窗口中。控制装配效应器是基于角色骨架的结构创建的(在"定义"(Definition)选项卡中定义)。

2) 更改现有控制装配效应器的默认外观

在"角色控制"(Character Controls)中,选择 →"编辑"→"控制装配"→"装配外观"(Edit→Controls→Rig Look)命令,然后选择所需的效应器类型,如图 8-9 所示。

线框　　　　　　　　　　　　粘滞　　　　　　　　　　　　长方体

图　8-9

图　8-10

10．添加辅助和枢轴效应器

可以将辅助和枢轴效应器添加到角色控制装配，以提供其他级别的 IK 控制柄。

若要添加辅助或枢轴效应器，应在"控制"（Controls）选项卡的"角色"（Character）表示中，在 IK 控制装配效应器单元上右击（🖱），如图 8-10 所示。

在显示的菜单中，选择"创建辅助效应器"（Create Aux Effector）或"创建枢轴效应器"（Create Pivot Effector）命令，结果如图 8-11 所示。

辅助或枢轴效应器位于相同的位置，并作为相应的 IK 效应器旋转。

在"控制"（Controls）选项卡中，效应器单元将更新，以表示效应器现在具有的辅助或枢轴效应器，如图 8-12 所示。

辅助效应器

枢轴效应器

图　8-11

使用辅助效应器的腕部效应器

使用枢轴效应器的踝部效应器

图　8-12

若要选择辅助效应器或枢轴效应器，请执行下列任一操作：

在"角色"（Character）表示中单击相应的单元，以选择当前辅助效应器 🟦 或枢轴效应器 🟥 。

创建辅助或枢轴效应器时，单元将更新，以指示当前对象。当前效应器是最后创建的或最后选定的。如果每个单元中有多个效应器，单击＋号以展开单元，然后选择要在相应单元中设定为"当前"的效应器,如图 8-13 所示。

然后可以收拢单元视图并继续通过选择该单元来选择当前辅助效应器或枢轴效应器。

在"角色"(Character)表示中的相应单元上右击(🖱),然后从显示的菜单中按名称选择辅助或枢轴效应器。

1) 调整枢轴效应器在场景中的位置

选择要调整的枢轴效应器,然后选择"移动"工具 。

移动显示在枢轴效应器上的操纵器,如图 8-14 所示。

按住 D 键并拖动以定位枢轴效应器。

使用 D 热键可以从装配中单独移动枢轴效应器。移动枢轴效应器而不按住 D 键,可以调整角色的位置。

图 8-13

图 8-14

[提示]

如果创建多个枢轴效应器并想要动画基于不同时间点上的不同枢轴的角色,例如,使脚部围绕不同的点旋转时就作为角色走了一步,关键帧枢轴效应器到达值 1.00(完全)时作为要在该时间点围绕其旋转的枢轴。

2) 要调整辅助效应器在场景中的位置

在"角色控制"(Character Controls)中,单击 →"编辑"→"控制"(Edit→Controls)命令,并禁用"对齐控制装配"(Align Control Rig)命令。

选择要调整的辅助效应器,然后选择"移动"工具 ,将在场景的辅助效应器上显示移动操纵器,拖动以定位效应器。

在"控制"（Controls）选项卡中,调整"IK 混合平移"（IK Blend T）和"IK 混合旋转"（IK Blend R）滑块。

"对齐控制装配"（Align Control Rig）禁用后,可以预览辅助效应器和装配之间达到的操纵效果。

3）移除辅助或枢轴效应器

移除辅助或枢轴效应器执行下列任一操作:

若要移除单个辅助效应器和枢轴,在场景中将其选中,然后按 Delete 键。

若要删除效应器的所有辅助和枢轴效应器,在"角色表示"中的相应 IK 单元上右击,然后从显示的菜单中选择"清除附加效应器"（Clear Extra Effectors）命令。

11. 调整 IK 混合

通过"控制"（Controls）选项卡中的"HumanIK 控制"（HumanIK Controls）滑块,可以调整每个解决方案（IK 或 FK）对特定身体部位的影响量。这能够完全控制骨架在同步的关键帧之间遵循的是哪一个解决方案。

调整 IK 混合时使用以下准则:

如果达到 100％,骨架将遵循 IK 解决方案。

如果为 50％,骨架一半遵循 IK 解决方案,一半遵循 FK 解决方案。

如果为 0,骨架将遵循 FK 解决方案。

调整每个解决方案对骨架的影响的步骤,在"角色"（Character）表示中选择一个效应器。使用"IK 混合平移"（IK Blend T）和"IK 混合旋转"（IK Blend R）滑块调整 IK 解决方案与 FK 解决方案之间的平移和旋转百分比。角色表示的单元将更新,并提供关于 IK 混合设置的可视反馈。例如,如图 8-15 所示的"IK 混合平移"（IK Blend T）指定了值为30％。当平移角色的腕部效应器时,骨架将贴近 FK 装配,因为与 IK 解决方案相比,它更加紧密地遵循 FK 解决方案。

图　8-15

12. 在 Trax 中为 HumanIK 角色设置动画

如果要为 HumanIK 角色创建片段,并使用"Trax 编辑器"（Trax Editor）以非线性方式编辑动画,请注意以下事项:

在"Trax 编辑器"（Trax Editor）中创建动画剪辑需要使用角色集。必须创建角色集以包含 HumanIK 角色,包括角色层次顶部的任何父/引用对象。

理想情况下,角色的所有 IK 和 FK 对象都设置为同一引用对象的父对象,并且可以将此引用对象添加到角色集。

Maya 中的 HumanIK 解算器可以使用 IK 或 FK 解算或通过在两个解算器之间设置混合的动画(请参见"调整 IK 混合"部分)来设置角色的动画。"角色控制"(Character Controls)中的"IK 混合平移"(IK Blend T)和"IK 混合旋转"(IK Blend R)滑块用于在解算器之间进行混合操作。

是否已为"IK 混合"(IK Blend)属性设置动画在为 HumanIK 角色混合片段时变得非常重要。在为混合指定偏移对象时,需注意以下事项:

如果 HumanIK 装配具有静态"IK 混合"(IK Blend)值(IK 和 FK 解算间不存在任何混合),将髋部 FK 对象或控制装配引用对象设置为偏移对象。如果使用髋部 FK 节点,请确保装配的所有 IK 对象已将"IK 混合平移"(IK Blend T)和"IK 混合旋转"(IK Blend R)设置为 0。

[提示]

> 髋部 IK 对象不能用作引用对象。

如果 HumanIK 装配具有设置动画的"IK 混合"(IK Blend)值,则"Trax 编辑器"(Trax Editor)无法正确对片段求值,除非使用控制装配引用作为偏移对象。但是,在某些情况下,即使使用控制装配引用,Trax 也无法对混合片段正确求值。如果遇到与该工作流相关的问题,使用以下解决方法:创建仅包含角色骨架的单独角色集。将 HIK 装配动画烘焙到骨架("角色控制"(Character Controls)中的烘焙选项),然后创建片段。混合片段时将髋部关节设置为偏移对象。

8.3 设置 HumanIK 重定目标

8.3.1 将动画从一个角色重定目标到另一个角色

(1)为每个角色创建 HumanIK 骨架定义。

(2)打开"角色控制"(Character Controls),并从"角色"(Character)菜单中选择目标角色。

[提示]

> 目标角色必须具有控制装配。如果选定角色没有任何控制装配,Maya 会创建一个。

从"源"(Source)菜单中选择角色,其中角色是源角色的名称(场景中所有可用的 HumanIK 角色会自动在"源"(Source)菜单中列出)。

目标角色进行捕捉以匹配源角色的位置。

若要向新动画层添加目标角色的控制装配,请单击菜单按钮 🔲 ,然后选择"编辑"→"控制装配"→"添加到新动画层"(Edit→Control Rig→Add to new animLayer)命令。

通过此设置，可以使用动画层以非破坏性方式轻松修改重定目标动画，如图 8-16 所示。

图　8-16

[提示]

　　注意若要将控制装配添加到现有的动画层，在"动画层编辑器"（Animation Layer Editor）中选择该层，然后在 "角色控制"（Character Controls）中选择"编辑"→"控制"→ "添加到动画层：＜layerName＞"（Edit→Controls→Add to animLayer：＜layerName＞） 命令。

8.3.2　调整重定目标参数

在"角色控制"（Character Controls）中选择 "编辑"→"定义"→"编辑特性"（Edit→ Definition→Edit Properties）命令。

重定目标设置显示在"属性编辑器"（Attribute Editor）中的 HIKProperties 选项卡中。

[提示]

　　HIKProperties 节点还包含许多其他 HIK 解算器属性，如"解算"（Solving）和"地 板接触"（Floor Contact）。

展开"重定目标特定"（Retarget Specific）标题。

该区域包含属性，以提供对源和目标角色之间的重定目标的更好控制。

操纵"达到"（Reach）滑块时使用以下准则：

- 值为 1 时，目标身体部位完全到达源身体部位。
- 值为 0.50 时，目标身体部位在源和角色位置的身体部位之间平均。
- 值为 0 时，对身体部位的影响相当于禁用该选项。

[提示]

　　"重定目标特定"(Retarget Specific)区域还包括"拉动"(Pull)和"刚度"(Stiffness)
属性。调整这些值是高级技术,同时对于法线重定目标,不建议调整默认值。

8.3.3　将重定目标的动画烘焙到目标角色

　　根据在重定目标工作流中所处的位置,可以将重定目标的动画烘焙到目标角色的骨架、控制装配或自定义装配。

　　例如,不再需要到源角色的链接,或者如果想要将装配导出到 MotionBuilder 时,通常会将动画烘焙到目标角色的控制装配。

　　完成对重定目标的动画的所有调整并对结果满意之后,可以将动画烘焙到目标骨架。

[提示]

　　烘焙重定目标的动画时,Maya 会使用在"烘焙模拟选项"(Bake Simulation Options)窗口中设定的选项。可选择"编辑"→"关键帧"→"烘焙模拟"(Edit→Keys→Bake Simulation)命令。

　　将重定目标的动画烘焙到目标角色,在"角色控制"(Character Controls)的"角色"(Character)菜单中选择要烘焙到的角色。单击 ,然后从显示的"烘焙"(Bake)菜单中选择一个选项。随着 Maya 烘焙到目标骨架、控制装配或自定义骨架,场景中会播放重定目标的动画。对于重定目标的动画的每一帧,Maya 会在每个效应器或关节上设置一个关键帧。

　　如果在重定目标的过程中向动画层添加了控制装配,那么分层的动画会覆盖烘焙的动画。禁用或删除层可查看在控制装配上烘焙的动画的结果。

　　如果已使用完源角色,可以从场景中删除它。

　　了解完 HumanIK 技术的相关知识后,本章重点介绍如何应用 HumanIK 技术将电影角色蜘蛛侠模型进行绑定的案例。

8.4　HumanIK 高级角色绑定案例制作

8.4

8.4.1　模型关节定位

　　Step1:开启 Maya 2018,打开 spiderman 工程文件里的蜘蛛侠 Tpose 模型,选中模型放入图层里设置为 T 形,进行冻结锁定管理。创建骨架时,需确保角色开始时处于标准 T 形站姿,面向正 Z 轴,Y 轴向上,且手臂与 X 轴平行,如图 8-17 所示。

[提示]

　　HumanIK 对模型的 T 形站姿要求比较严格,因为手臂要和 X 轴向平行,只能在 X 轴方向上对手臂关节进行移动,任何其他轴向的运动或者旋转,都会产生 HumanIK 系统的错误警告。不管是手动创建的关节,或者执行了变形冻结,或者改变了关节朝向,关节的唯一的绝对坐标系都会如实地反映给 HumanIK 系统。

图　8-17

　　Step2:利用 Maya 2018 版本新增的快速装备命令进行骨关节的定位,详细操作请参见微课中的视频教学,设置如图 8-18 所示。

图　8-18

Step3：创建左侧手掌关节，单击创建菜单执行创建定位器，继续按 Ctrl＋D 键复制得到多个定位器，分别放置在手掌部、大拇指、食指、中指、无名指、小指位置处，如图 8-19所示。

图　8-19

8.4.2　创建角色骨骼

Step1：单击"骨架"菜单中的"创建关节工具"命令，首先设置确定关节方向为世界方向，然后按 V 键吸附，分别在左大拇指、左食指、左中指、左无名指、左小指创建骨节，如图 8-20 所示。

图　8-20

Step2：现在把手掌关节与手腕部骨骼进行连接起来，分别选中左大拇指关节、左食指关节、左中指关节、左无名指关节、左小指关节，然后加选手腕关节，先后执行 P 键父子关系操作，如图 8-21 所示。

Step3：选择锁骨骨骼 P 给脊椎骨骼，然后选择左侧肩部骨骼，执行"骨架"菜单中的

图　8-21

"镜像关节"命令,选择 YZ 轴方向,单击应用按钮,可以迅速得到右侧肩部骨骼和手掌关节。蜘蛛侠骨骼搭建完毕,现在可以去"大纲视图"把所有的定位器选中进行删除操作,如图 8-22 所示。接下来进行手掌关节骨骼的系统命名,需要给每节骨骼添加关节标签名称操作。

图　8-22

8.4.3　添加关节标签名称

Step1:分别选择手掌大拇指、食指、中指、无名指、小指骨关节单击"骨架"菜单的"关节标签设置"命令,执行"显示所有标签"命令,如图 8-23 所示。

图　8-23

　　Step2:分别选中左侧手掌部骨骼,执行"关节标签设置"菜单下的"添加关节标签"下拉菜单中的"设置左侧标签"命令,如图 8-24 所示。

图　8-24

　　Step3:分别选中左侧手掌关节,执行"关节标签设置"里的"添加关节标签"下的"设置拇指标签""设置食指标签""设置中指标签""设置无名指标签""设置小指标签"命令,如图 8-25 所示。右侧手掌关节设置标签,同理,不再赘述。

　　Step4:在视窗中选中根关节,单击"骨架"菜单下的"关节标签设置"命令,执行"隐藏所有标签"命令,如图 8-26 所示。

图　8-25

图　8-26

8.4.4　角色绑定蒙皮

取消图层模型的锁定,打开"大纲视图",选中根部骨骼,加选蜘蛛侠模型,执行"蒙皮"菜单下的"绑定蒙皮"命令,默认设置,单击"确定"按钮,如图 8-27 所示。

8.4.5　HumanIK 系统创建角色控制

Step1:单击"骨架"菜单,打开 HumanIK 命令即开启"角色控制"面板,如图 8-28 所示。

图 8-27

图 8-28

[提示]

　　　开启"角色控制"的两种方法,执行下列任一操作:

　　(1) 选择骨架→HumanIK(即角色控制)。

　　(2) 选择窗口→动画编辑器→HumanIK(即角色控制)。

　　Step2:接下来手动映射骨骼操作,单击"定义"菜单中的"骨架命令"会出现"定义角色骨架"视图面板,如图 8-29 所示。

　　Step3:HumanIK 解算器所需的 15 个节点会显示在定义角色骨架视图的全身布局中,并一同分组在"名称匹配"(Name Match)视图的"必需"(Required)组中,如图 8-30 所示。

图　8-29

图　8-30

　　这些必需节点可标识角色骨架中的主要关节:踝关节、膝关节、髋关节、脊椎底部关节、肩关节、肘关节、腕关节和头部关节。找出骨架中哪个骨骼将映射到这些节点通常很简单,如表 8-2 所示。

表　8-2

节　　点	映　　射　　到
髋部	角色的脊椎和腿部链的父对象的骨骼
左大腿和右大腿	角色的大腿中的第一个骨骼
左腿和右腿	角色的小腿中的第一个骨骼
左脚和右脚	从角色的踝部延伸到脚的第一个骨骼

节 点	映 射 到
脊椎	脊椎中的第一个骨骼,位于映射到髋部节点的骨骼之上。表示脊椎底部
左臂和右臂	角色的上臂中的第一个骨骼
左前臂和右前臂	角色的前臂中的第一个骨骼
左手和右手	从角色的腕部延伸到手的第一个骨骼
头	角色的脊椎中的最后一个完整的骨骼,不是头顶,而是颈部链中最后一个完整的骨骼。这通常是控制头部蒙皮的骨骼

Step4：将蒙皮好的骨骼手动映射到"定义角色骨架"视图,首先进行锁定面,其次进行 X 射线显示关节,最后选中左手掌的大拇指骨骼然后通过右击 Assign Selected Bone(指定所选骨骼)添加到 HumanIK 的系统里相对应的大拇指骨处,如图 8-31 所示。注：因为我们使用 Maya 2018 新增的快速装备命令定位的角色骨关节,骨骼会自动映射到"定义角色骨架"视图,不再需要手动映射。如使用定位器方法定位的骨关节,还需要分别进行手动映射。

图 8-31

[提示]

手动映射骨骼的两种方法：

(1) 从"定义"(Definition)选项卡转到骨架：在"定义角色骨架"视图中双击单元(单元在单击时将变为蓝色),然后单击场景中对应的骨骼(还可以在"大纲视图"(Outliner)或 Hypergraph 中选择骨骼)。

(2) 从骨架转到"定义"(Definition)选项卡：选择骨骼,然后在"定义角色骨架"视图中的相应单元上右击,然后选择"指定所选骨骼"(Assign Selected Bone)命令。

Step5：同理，分别选中继续映射，直到定义完所有需要的骨骼为止。映射完所有必需的骨骼之后，验证状态指示器将变为绿色，如图 8-32 所示。

图　8-32

[提示]

　　可以将 HIK 系统的 Definition 面板置于右边，观察关节的状态变化，确保都是绿色显示。如果出现橙色，就表示手臂与 X 轴不平行，会导致效应器控制时出现异常。

Step6：完成定义骨架后，可以选择角色根骨节，单击锁定角色骨架定义图标，然后再单击角色控制左侧图标 →"创建"→"控制装配"（Create→Control Rig）命令来创建控制装配，这样系统会自动添加上控制器。该操作会自动锁定骨架定义，如图 8-33 所示。

图　8-33

8.4.6　导入动画示例

为了检测骨骼装配系统,在"角色"控制面板中将角色选项设置为无,然后选择"导入采样"菜单下的"导入动画示例"命令,如图 8-34 所示。

图　8-34

8.4.7　动画移植

Step1:打开"大纲视图",找到控制角色全局缩放的角色组(Fight:Dummy_Fight),然后对其缩小至蜘蛛侠模型大小,如图 8-35 所示。

图　8-35

Step2:打开首选项,找到时间滑块,设置"播放速度"为实时,设置"时间线长度"为138 帧,如图 8-36 所示。

图　8-36

Step3：选中蜘蛛侠的控制器，在"角色"控制栏中角色选择 Charater1，源选择 MocapExample，会发现蜘蛛侠迅速匹配到有动画数据的角色模型上，如图 8-37 所示。

图　8-37

Step4：这时可以在"大纲视图"中隐藏有动画数据的模型，单击"播放"按钮，绑定好的蜘蛛侠模型就已经具有动画了，如图 8-38 所示。

图 8-38

本章通过蜘蛛侠 HIK 骨骼绑定案例的学习，需要重点掌握的知识点有：

(1) HIK 骨骼绑定系统制作流程。

(2) 如何设置 HumanIK 角色系统。

(3) 如何设置 HumanIK 角色重定目标动画。

(4) 如何进行角色绑定蒙皮与编辑角色权重。

第 9 章

Chapter 09 〔 *Character Rigging* – – –
Advanced Skeleton
绑定技术
– – – *Advanced Skeleton Rigging* 〕

本章学习目标

*** Advanced Skeleton 绑定插件介绍与安装

* 应用 Advanced Skeleton 插件进行蜘蛛侠身体绑定及自定义角色动画功能

*** 综合应用 Advanced Skeleton 插件进行阿童木身体绑定与面部绑定

* 熟练掌握 Advanced Skeleton 身体及面部绑定技术

本章重点学习如何使用 Advanced Skeleton 对角色进行身体绑定和面部绑定技术，介绍 Advanced Skeleton 插件安装与基本界面及掌握自定义角色动画功能，通过学习蜘蛛侠身体绑定案例和阿童木身体和面部绑定综合案例，熟练掌握 Advanced Skeleton 插件的高级应用。

 案例分析：

9.1　Advanced Skeleton 绑定插件基础

9.1

9.1.1　Advanced Skeleton 插件概述

Advanced Skeleton_v5.550 版本是一款官方最新发布、方便快捷的骨骼设置插件。

Advanced Skeleton 不再局限于初始创建的适合骨骼，可以在生成控制器后甚至在蒙完皮绘制完权重后重新调整骨骼位置。

Advanced Skeleton 拥有保存、载入 pose，镜像 pose 和高级面部表情设置，如图 9-1 所示。自定义创建 UI、自定义角色行走、跑步等高级动画功能，让动画师更便捷地做出满意的动画。

图　9-1

本章介绍骨骼绑定插件 Advanced Skeletonv_5.550 版本的使用,首先讲解该插件的基本应用方法,然后通过角色蜘蛛侠绑定案例和角色阿童木综合绑定案例来解析它的绑定应用技巧。

骨骼的绑定方法有很多种,其中最简单的方法就是通过插件来绑定骨骼,这里重点学习一下 Advanced Skeleton 插件(如图 9-2 所示)。它是一款能够大幅提升制作效率与文件统一性的高级骨骼绑定插件。它还是一款免费且易上手的骨骼插件,使用它能够快捷地对模型创建骨骼控制系统,并且可以对创建的骨骼姿势进行任意修改,也可以添加骨骼。另外,该插件创建的骨骼可以设定角色的多种基本姿势,并且有 IK 和 FK 的切换,也有拉伸和定位器的锁定跟随功能。它是目前很多大型制作团队最常用到的高级骨骼插件,版本经过不断更新,技术已经比较成熟。

图 9-2

9.1.2　绑定插件介绍与安装

Advanced Skeleton 是由 Animation Studious 公司制作发行的一款基于 Maya 制作角色绑定的插件。使用这个插件可以快速创建出角色的半身骨骼,制作人员手动适配骨骼点之后,只需要单击 Advanced Skeleton 图标,就可以快速生成一套完整的骨骼控制系统,节省了绑定人员创建骨骼及添加控制器的时间,大大提高了工作效率。

Advanced Skeleton 不仅能够创建人类角色的绑定控制,插件还内置了四足动物、飞禽类动物的骨骼结构,并且可以根据用户需要设置手指、脚趾、尾巴的数量和关节的数量,如图 9-3 所示。其强大的功能使得它的应用领域更加广泛。

图 9-3

下面介绍 Advanced Skeleton_v5.550 版本插件的安装方法。

Step1：打开光盘，找到提供的插件安装程序，随后将其进行解压，如图 9-4 所示。

Step2：将解压后的文件夹复制粘贴到"我的文档"中的 maya 里的 scripts（脚本）文件里（路径为 D:\我的文档\maya\scripts），如图 9-5 所示。

图　9-4

图　9-5

Step3：重新启动 Maya 2018 软件，把 install.mel 拖到 Maya 界面，就可以看到在自定义工具架上已经有了 Advanced Skeleton_v5.550，如图 9-6 所示。

图　9-6

9.1.3　插件基本界面

学习完 Advanced Skeletonv_v5.550 插件的安装方法，本节主要介绍该插件的基本界面。

Advanced Skeleton_v5.550 插件将比以前的版本菜单更为概括简单，其操作方式和以前版本操作相同，也是按照添加在工具架上的图标依次单击使用，最终完成绑定的设置。下面先简单了解一下插件的基本菜单。

AS4（高级骨骼绑定插件）的使用方法如下。

Step1：单击工具架上的 ⑤ 按钮，打开 Advanced Skeleton 5 高级骨骼绑定系统窗口，如图 9-7 所示。

图　9-7

Step2：单击工具架上的 ✝ 按钮，打开 biped（双足系统控制窗口），如图 9-8 所示。

Step3：单击工具架上的 ☠ 按钮，打开 face（面部系统控制）窗口，如图 9-9 所示。

图　9-8　　　　　　　　　　　　　　　　图　9-9

Step4：body(身体)菜单主要包括(预置设定、骨骼适配、建立骨骼系统、皮肤蒙皮、权重编辑等),如图 9-10 所示。

Step5：face(面部)系统菜单主要包括预置设定、面部适配、建立面部表情系统、眼睛眉毛控制、眼睛睫毛控制、头部拉伸、编辑融合变形、调整控制,如图 9-11 所示。

图　9-10　　　　　　　　　　　　　　　图　9-11

Step6：Pose（姿势）菜单和 Tools 工具菜单，主要包括自定义选择用户界面、自定义姿势界面、自定义走路、跑步动画界面，如图 9-12 所示。

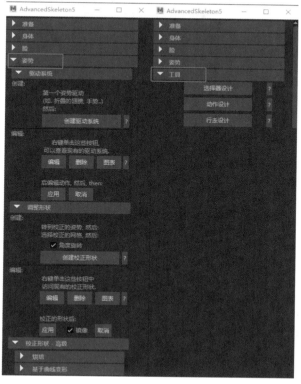

图　9-12

Step7：Display（显示）菜单，主要包括显示、隐藏与调整骨骼大小，如图 9-13 所示。

Step8：Optimize（优化编辑器）菜单如图 9-14 所示。

图　9-13

图　9-14

Step9："发布"菜单、"演示"菜单、"关于"菜单如图 9-15 所示。

图 9-15

9.2 应用 AS 插件进行蜘蛛侠身体绑定

9.2

拿到模型后,首先要检查模型,其次是骨骼设置,再次是蒙皮绑定,最后是整理层级。如果权重分配不合理,或者模型在动画的过程中有穿插,绑定人员还需要做一些修补工作,使动画文件更完美。

本章先以蜘蛛侠角色为例,讲解如何使用 Advanced Skeleton 5 插件完成角色身体的绑定,如图 9-16 所示。

[提示]

虽然通过插件的程序控制可以完成创建骨骼及控制器的工作,但插件不是万能的,在半身骨骼创建出来之后需要根据角色的身体结构手动适配骨骼点,这是使用插件绑定角色最重要的工作。

9.2.1 创建半身适配骨骼

Step1:在确认模型符合绑定要求以后,在 Pre(预置设定)菜单栏下执行 Reference(预置

图　9-16

模型文件),指定路径到工程目录要创建骨骼的 T_spider man_md 模型,如图 9-17 所示。

图　9-17

Step2:Maya 会自动把模型导入,并且会把模型放在图层里进行冻结锁定操作,如图 9-18 所示。

Step3:创建适配骨骼,在该窗口中可以任意选择导入该插件预设的骨骼类型,具体方法是:单击 Fit 菜单 FitSkeletons(导入匹配骨骼)下的 biped. ma 选项,然后单击 Import(导入)按钮即可,角色半身骨骼将自动创建出来,如图 9-19 所示。

Step4:这时选择场景的圆环线,通过对脚底圆环线控制器的缩放来适配角色的大小,如图 9-20 所示。

图 9-18

图 9-19

图 9-20

9.2.2　骨骼点适配

　　模型要想自如地运动，一定要有骨骼的支持，绑定人员要做的就是把骨骼放在合理的位置上。下面就以蜘蛛侠角色为例，演示如何正确合理地适配骨骼点。

　　Step1：选择刚导入的匹配骨骼分别到前视窗和侧视窗把定位器放在合理的骨骼点位置上，可以通过位移定位器和缩放定位器来正确合理地控制适配骨骼点。前视窗骨骼点适配如图 9-21 所示。

图　9-21

　　侧视窗骨骼点适配如图 9-22 所示。

图　9-22

顶视窗手臂骨骼点适配如图 9-23 所示。

图 9-23

Step2：通过选中 Pole_Vector 选项来重点检查膝关节、躯干关节、肘关节极向量的方向，方向一定要准确，假设方向不准确，后面绑定动画就会出现问题，如图 9-24 所示。

图 9-24

Step3：通过移动定位器来调整极向量方向的准确性，检查极向量方向没有问题，然后再取消选中，如图 9-25 所示。

图　9-25

9.2.3　生成骨骼控制系统及蒙皮

Step1：生成高级骨骼控制系统。

单击 Build（创建）菜单下的 ReBuild AdvancedSkeleton（生成高级骨骼控制系统）命令，如图 9-26 所示。

图　9-26

Step2：单击 Deform（Option1）（变形）菜单下的 Select DeformJoints（选定绑定骨骼）命令，然后按 Shift 键加选场景角色模型，再单击 Set Smooth Bind Options（皮肤平滑绑

定)按钮,如图 9-27 所示。

图 9-27

平滑绑定参数默认设置如图 9-28 所示。

图 9-28

Step3:模型绑定完毕后接下来就是对模型权重的编辑。这里可以通过两种方式来编辑模型绑定的权重。接下来先学习第一种方法,通过单击 Deform(Option2)(变形)菜单中 cage 栏下的 Create(创建)按钮,系统会自动生成一套 SkinCage(蒙皮融合系统),先通过控制器进行缩放进行匹配,然后通过进入点级别模型进行编辑,使其和模型合理匹配来完成权重的编辑,如图 9-29 所示。

图　9-29

　　调整 SkinCage(蒙皮融合系统)，只需要调整左半部分即可，左半部分调整到位后通过单击 Mirror(镜像)命令选项：Left→Right(左边镜像到右边)命令，这样就可以快速编辑模型的蒙皮效果了。当想要关闭 SkinCage(蒙皮融合系统)时，可以单击 cage 栏后的 Delete(删除)命令。

　　Step4：另外一种方法是单击 Geometry(PloyBoxes)几何体(多边形盒子)菜单下的 Create(创建)按钮，系统会自动生成一套 PloyBoxes，然后通过进入点级别对多边形盒子进行编辑，使其与模型合理匹配来完成权重的编辑，如图 9-30 所示。

图　9-30

Step5：模型绑定蒙皮完毕。接下来通过角色动画来测试一下角色的绑定是否合理准确。Advanced Skeleton 5 版本提供了自定义角色动画功能,在 Tools 菜单的 WalkDesigner(自定义走路)界面单击 Start(开始)按钮,这时我们绑定的蜘蛛侠角色就能行走起来了,这里包括各种走路效果,可以随意调整单击动画播放器查看动画效果,如图 9-31 所示。

图 9-31

此编辑器功能非常强大,还能自定义调出男人和女人各种各样的走路和跑步动画效果。

9.3 综合应用 AS 插件进行阿童木整体绑定

9.3

9.3.1 阿童木身体绑定

Step1：启动 Maya 2018 软件,打开配套微课提供的 Astroboymd(阿童木角色模型),如图 9-32 所示。

Step2：在"大纲视图"中对模型进行布线检查、合理命名并打组整理,方便后面选择绑定,如图 9-33 所示。

[提示]

重点检查眼部布线、嘴部布线、肘部布线、膝关节部位的布线,这几处布线一定要合理,否则将严重影响角色动画制作环节。

Step3：在确认模型符合绑定要求以后,执行 Reference(预置模型文件)命令,指定路

图　9-32

图　9-33

径为工程目录要创建骨骼的 Astroboymd（阿童木角色模型），然后在 Fit 菜单栏下单击 Import 按钮导入角色骨骼（biped. ma），然后适配角色骨骼，如图 9-34 所示。

　　Step4：适配好骨骼后，单击 Build（建立）菜单栏下的 Build Advanced Skeleton（建立高级角色骨骼系统）命令，如图 9-35 所示。

　　Step5：在插件的变形菜单栏中选择变形骨骼，如图 9-36 所示。

图 9-34

图 9-35

图 9-36

Step6：再打开"大纲视图"，加选阿童木模型，执行绑定蒙皮，如图 9-37 所示。

图　9-37

Step7：阿童木角色身体骨骼系统创建成功，如图 9-38 所示。

图　9-38

9.3.2　阿童木面部表情高级绑定

Step1：先单击 CreateFaceFitSkeletonNode（创建面部适配节点）按钮，接着再单击"?"按钮查看，此时会出现从下巴到头顶端的提示，然后通过使用 R 键进行缩放适配，如图 9-39所示。

图　9-39

Step2：打开"大纲视图"，选择阿童木的面部模型添加到 Face（面部）栏中，单击 Face 按钮会弹出 CreateNewSkinCluster 对话框，进行确认即可，如图 9-40 所示。

图　9-40

Step3：在"大纲视图"中选择阿童木与面部相关的其他所有几何体。所有几何体模型包括面部、头发、左右眼睛、上牙下牙、舌头，添加到 AllHead（头部所有几何形体）栏中，单击 AllHead 按钮会弹出 CreateNewSkinClusters 对话框进行确认即可，如图 9-41 所示。

图　9-41

Step4：在"大纲视图"中选择阿童木的左眼模型，可以直接添加到 LeftEye（左眼）栏中，如图 9-42 所示。

图　9-42

Step5：在"大纲视图"中选择阿童木的右眼模型，可以直接添加到 RightEye（右眼）栏中，如图 9-43 所示。

Step6：在"大纲视图"中先按 Ctrl＋H 键隐藏面部模型，以方便选择阿童木的上牙模型，直接添加到 Upper Teeth（上牙）栏中，如图 9-44 所示。

[提示]

选择模型，将其隐藏可使用快捷键 Ctrl＋H，将其显示可使用快捷键（Shift＋H）。

图 9-43

图 9-44

Step7：在"大纲视图"中选择阿童木的下牙模型，直接添加到 Lower Teeth（下牙）栏中，如图 9-45 所示。

Step8：在"大纲视图"中选择阿童木的舌头模型，直接添加到 Tongue（舌头）栏中，如图 9-46 所示。

Step9：单击 Fit（适配）展开后可以先单击"?"按钮进行查看提示，如图 9-47 所示。

[提示]

选中 advanced 选项可以增加眼睑控制，可根据需要开启。

图　9-45

图　9-46

图　9-47

Step10：然后单击 EyeBall(眼球)按钮，如图 9-48 所示。

图　9-48

Step11：单击 EyeLidOuter(外眼睑)按钮右边的"?"按钮，可以查看应选择的模型环形线，如图 9-49 所示。

图　9-49

Step12：根据查看应选择的模型环形线，选择内线圈后，单击左边的 EyeLidMain 按钮，完成内眼睑影响物体的添加，如图 9-50 所示。

[提示]

最新的 Advanced Skeleton 5 版本对模型环形布线要求做了调整，可以通过按 Shift 键加选线段完成环线的选择，并将其绑定有效。在此版本之前模型环线必须是闭合的，并且双击可以完成环线的选择，如果通过按 Shift 键加选线段完成环线的选择将是无效的。

另外，各种选择应该是在角色的右边进行，也就是用户正对视图的左半模型。

图　9-50

Step13：单击 EyeLidInner（内眼睑）按钮右边的"?"按钮，可以查看应选择的模型环形线，如图 9-51 所示。

图　9-51

Step14：根据查看应选择的模型环形线，选择内线圈后，单击左边的 EyeLidDroopy 按钮，完成外眼睑影响物体的添加，如图 9-52 所示。

Step15：单击 Lip（嘴唇）按钮右边的"?"按钮，可以查看应选择的模型线，然后选择嘴唇的循环线进行添加，完成效果如图 9-53 所示。

图 9-52

图 9-53

Step16：单击 EyeBrowInner(内侧眉毛)按钮右边的"？"按钮，可以查看应选择的模型线，如图 9-54 所示。

Step17：根据查看应选择的模型线，选择眉毛边线后，单击左边的 EyeBrowOuter 按钮，完成外侧眉毛影响物体的添加，如图 9-55 所示。

Step18：单击 EyeBrowMiddle(眉心)EyeBrowMid1、EyeBrowMid2、EyeBrowMid3 按钮右边的"？"按钮，可以查看应选择的模型线，然后进行添加，完成效果如图 9-56 所示。

Step19：ForeHead(前额)、JawPivot(下巴轴心)、JawCorner(下巴拐角)、Jaw(下巴)、Throat(咽喉)、Cheek(脸颊)、CheekRaiser(脸颊集结区域)、SmileBulge(微笑凸起)、FrownBulge(皱眉凸起)、Nose(鼻头)、NoseUnder(鼻底)、NoseCorner(鼻翼拐角)按钮右边的"？"按钮，可以查看应选择的模型点，然后根据提示选择相应的点进行添加，完成效果如图 9-57 所示。

图　9-54

图　9-55

图　9-56

图 9-57

Step20：单击 NoseSide(鼻翼侧区域)、NoseMiddle(鼻梁)、Nostrils(鼻孔)按钮的"?"按钮,可以查看应选择的模型点,可以选择相应的点,单击按钮添加,完成效果如图 9-58 所示。

图 9-58

Step21：单击 Tongue(舌头)按钮右边的"?"按钮,可以查看应选择的模型位置,然后通过 W(移动)和 R(缩放)对空物体进行操作调整,添加完成效果如图 9-59 所示。

Step22：单击 JawCurves(下巴曲线)按钮右边的"?"按钮,然后单击 Tweakcurves 按钮,计算机可自动检测,完成效果如图 9-60 所示。

Step23：此时可以单击 Build 窗口下方的 BuildAdvancedFace 按钮,计算机经过几秒钟的自动运算可形成阿童木角色表情的高级控制系统,如图 9-61 所示。

图　9-59

图　9-60

图　9-61

Step24：还可以单击 HeadSquash(头部拉伸)窗口下方的 Create HeadSquash 按钮，增加角色头部的自由拉伸变形功能，如图 9-62 所示。

图　9-62

Step25：调整角色头部控制器后，自由拉伸变形效果如图 9-63 所示。

图　9-63

　　Step26：通过调整角色头部控制器，可随意调整出你想要的角色表情，如图 9-64 所示。

　　Step27：还可以通过 EditBlendShape(编辑融合变形)栏下的 CreateBlendShape(创建融合变形)选项调整出角色头部更丰富的表情，然后将其传递给角色，这样就可以更加方便地改善表情细节，如图 9-65 所示。详细操作请参看配套微课提供的视频教学。

图　9-64

图　9-65

[提示]

　　调整角色身体动作或者是角色表情动画后若想快速恢复到初始状态，可以通过 body：GotoBuildPose（身体绑定初始状态）和 face：GotoBuildPose（面部绑定初始状态）命令快速恢复。

　　Step28：至此阿童木角色的面部绑定就大功告成啦，如图 9-66 所示。

　　应用 Advanced Skeleton 骨骼插件完成阿童木角色的整体绑定，从效率上来说还是挺高的。不过通过关节和影响物体控制表情，在权重分配上较难控制，所以结果不一定都很理想。尤其模型布线上要尽量符合插件所给的图片范例，否则控制器的生成会失败。除了直接使用表情绑定系统的控制器设置动画，也可以通过这个系统来制作用于

图 9-66

BlendShape 的目标物体,进一步改善表情细节。总之,Advanced Skeleton 插件的升级较以前版本,其绑定功能进一步提高,深受广大绑定大师和动画大师们的喜爱。

本章通过 Advanced Skeleton 骨骼插件绑定案例的学习,需要重点掌握的知识点有:

(1) Advanced Skeleton 插件介绍与安装及插件基本界面。

(2) 应用 AS 插件进行蜘蛛侠身体绑定技术。

(3) 自定义角色动画功能。

(4) 应用 AS 角色面部表情高级绑定技术。

(5) 应用 AS 插件进行阿童木高级绑定技术。

第 10 章

Chapter 10

Character Rigging – – –

角色面部绑定技术

– – – *Character Face Rigging*

本章学习目标

***   主流面部绑定制作技术

*   使用混合表情制作角色面部绑定

***   学习如何制作镜像表情

*   熟练掌握面部绑定技术

本章学习主流面部绑定制作技术,学习如何使用混合表情和如何制作镜像目标形状,主要通过案例来综合学习如何使用关节蒙皮、形变编辑器、综合应用面部绑定技术制作角色面部表情,通过对角色头部创建骨骼、蒙皮设置、镜像表情制作、关联设置、表达式控制完整面部绑定流程,主要包括头部、眼睛、嘴部、眼睫毛及头发等绑定系统设置,从而为角色面部表情设置动画奠定基础。

案例分析:

10.1 角色面部绑定概述

在三维动画里,一个角色要想做动画,前提就是对角色进行绑定设置。角色绑定设置重点分为两部分,一部分是角色肢体绑定,另一部分就是角色面部表情绑定。

不管是电影行业还是游戏制作行业,角色的面部表情绑定始终是个制作难点。面部表情都是由内在的情绪驱动产生表情,即使是同一种情绪,也会根据不同性格、年龄、职业等因素,做出不同的表情。例如,同样是笑,外向的人就会表现得非常明显,内敛的人笑起来的幅度就会小一些。

角色肢体表演和角色面部表情是决定一部动画作品生动起来的关键因素,因此,角色面部绑定是角色动画非常重要的环节。面部绑定技术广泛应用于影视动漫制作、游戏动画制作、CG 电影动画制作等领域,如图 10-1 所示。

图 10-1

10.2 主流面部绑定制作技术

1. 面部表情捕捉设备

依靠动作传感系统完全捕捉演员的面部表情,将真人演出影像与计算机动画结合,令动画人物的造型与表情更接近于真人。这样一来,角色的面部表情会变得十分逼真可信。例如,在电影《阿凡达》中,有60%的镜头都采用了"动作捕捉"技术和"表演捕捉"技术,《阿凡达》中使用了创新的面部捕捉头戴设备,如图10-2所示,在每个进行"表演捕捉"的演员头上佩戴一套摄像装置。这个头戴装置的核心便是一个离演员面部只有几英寸距离的微缩高清摄像头。它能用广角镜头记录下演员面部最微妙的表情变化,将演员95%的面部动作传送给计算机里的虚拟角色,使得最后由计算机生成的CG角色与真人演员无异。这种方法主要应用在电影中,除捕捉设备昂贵外,还有它自身存在的一大缺点,那就是演员面部表演无法表现出非常夸张的表情,还需后期到三维软件Maya中进行表情夸张的处理。

图 10-2

2. 绑定插件技术

面部绑定插件是诸多制作角色表情方法中最简单高效的一种方法,面部绑定插件例如Advanced Skeleton插件和TheFaceMachine插件等,如图10-3所示。TheFaceMachine插件需要到官方网站付费购买,通常购买后需要安装插件到Maya脚本文件夹,在软件中我们可以快速生成表情绑定系统,最终制作出丰富的角色面部表情动画。通常都是用本书中第9章重点学习的Advanced Skeleton免费绑定插件,来快速制作角色面部表情动画,此插件的原理就是通过面部适配,建立面部表情控制系统,通过调整视窗中面部控制器来控制角色的面部表情,最终制作出丰富的角色面部表情动画。

图　10-3

3. 关节蒙皮技术

关节蒙皮是将角色面部的点分区域地分配骨骼影响权重，通过调整骨骼的旋转和位移来控制角色面部相关的点，从而控制角色的面部表情动画，如图 10-4 所示。关节蒙皮解决了表情夸张的问题，它可以通过控制骨骼来制作出任何夸张的表情，只是效率会降低一些。这种制作面部表情动画的方法需要一帧一帧地去调整骨骼来生成，并且绘制骨骼的权重相对新手来说也比较难掌握。

图　10-4

4. 混合变形技术

混合变形是通过制作大量目标形状应用于基础对象而混合生成的面部表情动画技术。用户可以更改每个目标形状的权重，从而更改它对混合变形的影响程度。通过面部模型混合目标形状来制作角色各种面部表情。制作流程通常先将角色面部基础模型复制，然后将复制的面部基础模型修改成所要制作的目标表情模型，这种修改后的表情被称为对象目标。将多个对象目标形状加选面部基础模型进行混合变形，然后到形变编辑器或者通道盒混合变形属性通道中，通过调整数值的大小来控制面部表情，制作表情动画，如图 10-5 所示。混合变形方法的制作效率相对比较快，它有各种操作滑条，方便制作，并且易于后期调整与修改，是相对比较可取的方法。

图 10-5

[提示]

混合变形的优势就是可以提供更精确的面部表情,而关节可以实现面部区域的拉伸,增加更多的表情灵活性。

5. 综合方法绑定技术

综合方法绑定技术是通过三维软件 Maya 中的关节蒙皮、混合变形、变形工具(簇变形、线变形、晶格变形)等各种绑定方法结合在一起,综合应用形成具有各种情感、高度灵活的角色面部表情绑定,如图 10-6 所示。此技术涉及绑定的知识点比较多,是一种制作角色面部表情的综合应用方法。此方法从制作效率和变形效果上可以获得比较满意的面部表情,是目前行业中应用最普遍的一种制作方法。

图 10-6

本章将以实际案例讲解此方法的应用，读者熟练掌握好此方法，实际也就掌握了关节蒙皮技术和混合变形技术的制作方法。

10.3　使用 Blend Shape 制作角色面部表情

角色表情的制作，在 Maya 中可以理解为模型点的位移。Maya 中对于点的控制有多种方式：Springs（弹性约束），Particles（粒子控制），Weighted Deformer（变形权重），SmoothSkins（光滑蒙皮），BlendShapeDeformers（混合变形）等，常用于角色表情绑定的为变形权重，光滑蒙皮，混合变形。动画师调节角色动作，通常都是对控制器设置动画，然后通过控制器驱动各种变形约束来改变模型的形态。

BlendShape（混合变形）常用于角色表情的制作，因为其面板有方便的动画操作滑条，并且支持多个变形过渡。虽然它可调节的幅度不是很大，但辅助骨骼控制，可以制作丰富细微的表情（尤其是皱纹）。

[提示]

　　表情动画制作需要注意两点：一是口型；二是面部肌肉和面部布线的合理，如图 10-7 所示。

图　　10-7

1. BlendShape 为基础的角色表情绑定

在三维项目制作中,完成模型及贴图之后,我们应该先考虑角色的 BlendShape(混合变形)面部绑定(或者为 BlendShape 预留一个基本对象副本),如图 10-8 所示,接着才是骨骼蒙皮。尽管这两者并不冲突,但是合理的操作顺序有助于工程的管理和完善。

图　10-8

通常角色模型头部和身体是结合在一起的,在制作角色表情时需要将角色的表情部位(通常是头部和颈部)作为单独的一个对象分离出来。虽然头部与身体模型间产生了接缝,但是能简化表情绑定的操作,可以最大限度地节省资源。

制作角色混合表情首先要弄清楚基本对象、目标对象、目标形状和混合变形的概念。如图 10-9 所示。

图　10-9

（1）基础对象（即原始模型）是要应用混合变形的原始模型。

（2）目标对象（即目标模型）通常是通过复制基础对象的副本模型。

（3）目标形状（即目标变形模型）目标对象的变形副本。用户也可以将基础对象直接修改为不同的姿势，并将每个姿势另存为目标形状。顶点与基础形状的修改将保存在每个目标形状中。

（4）混合变形是指目标形状应用于基础对象而生成的形状。用户可以更改每个目标形状的权重，从而更改它对混合变形的影响程度。

[提示]

　　在执行角色面部表情制作前，一定要将模型的所有操作历史删除，并冻结变换所有属性信息。

Step1：打开光盘提供好的角色头部模型，如图 10-10 所示。

图　　10-10

Step2：将模型的所有操作历史删除，并冻结所有属性信息。复制头部模型（基础对象），移动至一侧，如图 10-11 所示。复制出的模型保留了原模型的变形信息，因此一定不要将复制出的模型（目标对象）进行冻结变换操作，否则执行 BlendShape（混合变形）后会出现异常移动。

Step3：改变复制出来的目标形状的外形，制作出主要口型和面部表情，如图 10-12 所示。制作方法有很多，可以使用各种变形工具来改变模型，也可以直接移动点。需要注意的是模型的拓扑一定不能改变，也就是不要对模型的点线面进行增减操作。

Step4：选择目标对象进行删除历史，但一定不能冻结变换操作。现在可以按顺序选择多个目标形状，最后加选目标对象，执行窗口菜单动画编辑器下的形变编辑器中单击创建混合变形命令，如图 10-13 所示。

图　10-11

图　10-12

图　10-13

Step5：混合表情创建完毕。如何调节混合表情动画？学习第一种方法，可以在通道盒下的输入节点的 BlendShpe1（混合变形）下进行 fear、Disgust、anger 属性的调节，如图 10-14 所示。

图　10-14

Step6：混合表情动画调节的第二种方法，执行窗口菜单动画编辑器下的形变编辑器里的混合变形控制面板进行 fear、Disgust、anger 属性的调节。拖动相应滑块，可以看到模型的变化，如图 10-15 所示。

图　10-15

[提示]

　　角色表情的制作完成。执行混合变形（BlendShape）操作后，Maya 已将动画信息保存在文件中，即使删除目标对象，表情动画仍然存在。不过为了以后的管理和修改，建议保留目标模型。

2. 混合表情设置属性连接

常规的混合表情做法会限制我们对绑定后角色的表情设置。具体来说,就是无法在绑定后继续增加用于制作表情的基础对象,除非你愿意增加一堆分离合并的历史节点。因此,我们可以通过属性连接的方法:将其中一个目标对象作为其他目标形状和基本对象连接的桥梁,如图 10-16 所示。

图　10-16

Step1:先选择目标对象,然后 Shift 加选基本对象,按键盘上的"↓"键,选择对象的形节点,然后打开属性连接器:窗口→通常编辑器→连接编辑器,如图 10-17 所示。

图　10-17

注意：如果选择顺序相反，可以点击 from→to 改变基本对象和目标对象的输入输出关系。

Step2：单击 Outputs 输出面板中的 outMesh（输出网格）属性，与 Inputs 输入面板中的 inMesh（输入网格）属性进行连接，如图 10-18 所示。

图　　10-18

Step3：此时，基本对象将受到目标对象的控制，改变目标对象的外形（包括点线面的增减操作），基本对象也将跟着发生改变，如图 10-19 所示。

图　　10-19

3．一些 BlendShape 的相关操作

（1）勾选基本（Basic）面板下的介于中间（In-between）选项，可以参考多个目标对象的变形，对基本对象进行变形引导，如图 10-20 所示。如制作一个弯曲的管子，需要先创建弯曲幅度不大的多个目标对象。

图　10-20

（2）编辑变形器菜单下的绘制混合变形权重工具，可以绘制基本对象受相应目标对象影响的权重，如图 10-21 所示。

图　10-21

（3）编辑变形器菜单下的绘制混合变形权重工具，如图 10-22 所示。

添加：对指定的 BlendShape 节点增加动画控制，可将新增加的表情动画添加到同一个 BlendShape 节点。

移除：将所选目标对象从基本对象的 BlendShape 节点中移除动画控制。

交换：将所选的两个目标对象在 BlendShape 节点中的动画控制进行互换。

将拓扑烘焙到目标：当基本对象外形改变后，选择基本对象，执行该操作可以同时改变 BlendShape 节点下的所有目标对象外形。

（4）对 BlendShape 设置动画关键帧，在形变编辑器的控制面板中点击相应的 Key 关键帧按钮，如图 10-23 所示。

（5）在对基本对象进行混合表情时，可以对目标形状重新编辑，设置动画关键帧：单击形变编辑器中的编辑按钮或者用软选择工具调整基础对象，编辑完成形状后，再次单击

图　10-22

图　10-23

编辑按钮,以退出编辑模式,如图 10-24 所示。

[提示]

　　在 Maya 节点优先级别中(仅对角色绑定而言),BlendShape(混合变形)的默认设置(DeformationOrder 为 Front of chain)是最高级别的,也就是无论先制作表情还是先绑定骨骼,都不影响 BlendShape(混合变形)的节点优先顺序,BendShape(混合变形)会始终位于其他变形器和平滑蒙皮之前。变形器常用于角色身体细节的挤压拉伸,一般是在骨骼绑定平滑蒙皮之后。

　　对生活中一个微不足道的表情,需要我们去不断观察、分析、制作,并经过反复细致的修改才能将其展现在我们电影动画作品中。栩栩如生的面部表情绑定,可以让你做的动画角色看起来更棒,更具有生命力,如图 10-25 所示。

图 10-24

图 10-25

[提示]

　　在制作过程中要了解构成面部表情的几个部分：眉毛、眼睛、鼻子、嘴唇。

　　眉毛和眼睛之间密不可分，因此在制作的时候要分析眉毛在做动作的时候，眼皮是怎么动的。因为眉弓和眼皮之间的肌肉是连带的，在制作的时候一定要统一。在制作三维角色模型时，制作眼睛要分成三个部分——上眼皮和下眼皮，还有瞳孔，这三个部分都很重要，瞳孔掌握角色的视线方向，上下眼皮是做出表情的关键。

　　人物内心的各种不同的心理活动，主要是通过面部表情的变化反映出来。而面部变化最丰富的地方是眼部（眉毛）和口部，其他部位则相应会受这两部分影响而变化。人的面部表情主要是通过眼部肌肉、眉部肌肉、嘴部肌肉和鼻部肌肉的变化来表现各种情绪状态。对于面部表情，必须把整个面部器官结合起来分析。单纯只有某一部分的表情不能够准确表达人物的内心活动的。

　　每一个表情都有特定的情绪，你可能会因为一个表情而开心，因为一个表情而失落。美国心理学家保罗·爱克曼根据对大量图像和人物的观察研究，把人物表情归类成六类基本情绪，它们分别是：快乐、悲伤、愤怒、厌恶、惊讶和恐惧，如图 10-26 所示。

图　10-26

六大基本表情的特征主要概括如下：

快乐：眉毛放松，眼睛眯起，眼角会有鱼尾纹，嘴角翘起拉伸，鼻唇沟、脸颊上扬鼓起。

悲伤：眉头上扬，眉毛整体保持下压，上眼睑下垂，两侧嘴角微微下拉。

愤怒：眉头皱起，紧咬牙根，上眼睑提升的同时下眼睑绷紧。

厌恶：上嘴唇上扬，鼻翼两侧形成鼻唇沟。

惊讶：眉毛上扬，两眼瞪大，嘴巴微微张开。

恐惧：眉毛皱起并抬高，眉毛在内侧形成扭曲，上眼睑提升，露出虹膜。

[提示]

> 如果读者还想深入研究角色的口型设计和面部表情设计,可以参阅美国马克·西门著的《面部表情大全》,此书一直是 DC、漫威、迪士尼动画师都在使用的美术参考素材库,书中包括 3000 多组人物表情照片,50 多位特征各异的模特,人物喜、怒、哀、乐等数十种细微表情变化,12 种音节的发音嘴型,精准抓住人物面部表情变化的细节,可以帮助读者制作出丰富的角色面部表情动画。

10.4 创建角色面部绑定系统

10.4

10.4.1 检查角色模型拓扑

首先检查三维角色模型的布线是否合理,是否有多余的面,然后在"大纲视图"中对模型组件分别进行命名。如图 10-27 所示,模型布线要求简洁干净,特别眼睛、嘴巴部位的布线要遵循面部的自然肌肉运动规律,只有模型的布线合理,才能制作出更贴近于真实的面部表情变化。

图 10-27

10.4.2 使用形变编辑器制作镜像表情

形变编辑器是 Maya 2018 新增的命令,它是用于创建混合变形、编辑目标形状和管理形变以进行角色混合表情创作的主要工具。这里我们重点学习使用形变编辑器制作面部镜像表情。

Step1：选择基础对象，按 Ctrl＋D 快捷键复制出一个目标对象，如图 10-28 所示。

图　10-28

[提示]

　　如果模型被绑定蒙皮，模型属性会被锁定不能进行移动，那么可以打开蒙皮模型的属性通道盒，选择位移属性单击右键执行解锁选择。

　　Step2：先选择目标对象，然后加选基础对象，按键盘方向键↓键，选择到两个模型的形态节点，执行窗口菜单下常规编辑器下的连接编辑器，目标对象加载左侧，基础对象加载右侧，单击左侧栏里 Outputs 输出面板中的 outMesh（输出网格）属性，与右侧栏里 Inputs 输入面板中的 inMesh（输入网格）属性进行连接，如图 10-29 所示。

图　10-29

Step3：选择目标对象执行复制命令,复制出一个目标形状模型,如图 10-30 所示。

图 10-30

Step4：这里我们示范制作闭眼动画。首先利用簇变形制作出左闭眼目标形状,具体操作请参看微课视频教程,制作完成并进行命名为 Face_LeftEyeClose 如图 10-31 所示。

图 10-31

Step5：选择左闭眼目标形状,加选目标对象执行窗口菜单动画编辑器下的形变编辑器里的创建混合变形。在形变编辑器中拖动 Face_LeftEyeClose 权重/驱动者的滑块为1,如图 10-32 所示。

Step6：单击"编辑"(按钮变成红色),然后选择 Face_LeftEyeClose 鼠标右击执行翻转目标,打开其复选框,设置对称轴为拓扑,单击"应用",如图 10-33 所示。

Step7：目标对象显示蓝色,此时系统会提示用户选择一条边作为镜像轴,需要双击目标对象模型的中缝线作为对称轴,如图 10-34 所示。

Step8：按下键盘 Enter 键,这样就快速得到右闭眼目标形状,如图 10-35 所示。

Step9：单击"退出编辑"(按钮变成灰色),然后选择目标对象执行复制命令得到右闭眼目标形状,移动到一边并进行命名为 Face_RightEyeClose,如图 10-36 所示。

Step10：拖动 Face_LeftEyeClose 权重/驱动者的滑块为0,注意观察,目标对象和基础对象恢复正常,右闭眼目标形状被复制保留下来,如图 10-37 所示。

图　10-32

图　10-33

图　10-34

图 10-35

图 10-36

图 10-37

Step11：同理，在形变编辑器中拖动 Face_LeftEyeClose 权重/驱动者的滑块为 1，单击"编辑"（按钮变成红色），然后选择 Face_LeftEyeClose 右击执行镜像目标，打开复选框，设置镜像方向默认，对称轴为拓扑，单击"应用"，如图 10-38 所示。

图　10-38

Step12：目标对象显示蓝色，此时系统也会提示用户选择一条边作为镜像轴，需要双击目标对象模型的中线作为对称轴，按下 Enter 键确认，如图 10-39 所示。

图　10-39

Step13：这样就快速得到全闭眼目标形状，单击"退出编辑"（按钮变成灰色），然后选择全闭眼目标形状执行复制命令，移动到一边并进行命名为 Face_AllEyeClose，拖动 Face_LeftEyeClose 权重/驱动者的滑块为 0，恢复默认，如图 10-40 所示。

Step14：选择左闭眼目标形状、右闭眼目标形状、全闭眼目标形状和目标对象执行编辑菜单下按类型删除历史操作，然后选择左闭眼目标形状、右闭眼目标形状、全闭眼目标形状加选目标对象，执行窗口菜单"动画编辑器"下的"形变编辑器"里的创建混合变形，此时可以拖动滑块进行测试，如图 10-41 所示。

Step15：面部其他的镜像表情制作方法同理，这里不再赘述。

图 10-40

图 10-41

10.4.3 角色头部骨骼设置

Step1：执行骨架菜单创建关节命令，从颈部开始创建关节，然后分别绘制出头部骨骼、下巴骨骼、眼睛骨骼、嘴部骨骼、鼻部骨骼，如图10-42所示。

Step2：在"大纲视图"中选择骨骼分别进行命名操作，如图10-43所示。

Step3：执行骨架菜单下的创建IK控制柄命令，当前解算器复选框设置为：单链解算器，单击颈部关节，然后再单击头部关节，如图10-44所示。

Step4：创建颈部控制器、头部控制器、下巴控制器、鼻子控制器、左眼控制器、右眼控制器、眼睛总控制器，然后打组分别吸附至相应位置，打开大纲视图，然后分别为其命名，如图10-45所示。

Step5：在透视图中选择左右眼模型P(父子关系)给左右眼睛骨骼，如图10-46所示。

Step6：选择左右眼控制器P(父子关系)给眼睛总控制器，然后先选左眼控制器加选左眼模型执行约束菜单下的目标约束，注意勾选保持偏移，右眼同理设置，如图10-47所示。

图　　10-42

图　　10-43

图　　10-44

图 10-45

图 10-46

图 10-47

Step7：选择 Nose_con(鼻子控制器)加选 Nosejt(鼻子关节)执行约束菜单下的方向约束,如图 10-48 所示。

图　　10-48

Step8：选择 Jaw_con(下巴控制器)加选 Jawjt(下巴关节)执行约束菜单下的方向约束,如图 10-49 所示。

图　　10-49

Step9：选择 Head_con(头部控制器)加选 Headjt(头部关节)执行约束菜单下的方向约束,如图 10-50 所示。

Step10：选择 Head_con(头部控制器)加选 IKHandel1 执行约束菜单下的点约束,注意勾选保持偏移,如图 10-51 所示。

Step11：在"大纲视图"中选择 Head_con_group2(头部控制器的组)P 给 Neck_con(颈部控制器),如图 10-52 所示。

图　10-50

图　10-51

图　10-52

Step12：选择 Neck_con（颈部控制器）加选 Neckjt（颈部关节）执行约束菜单下的父约束，如图 10-53 所示。

图　10-53

Step13：选择 IKHandle 打组，命名为 IKGRP，选择 Neck_con（颈部控制器）加选 IKGRP 执行约束菜单下的父约束，如图 10-54 所示。

图　10-54

Step14：选择 Neckjt（颈部关节）加选 HeadGRP 模型执行蒙皮菜单下绑定蒙皮命令，设置取消勾选所有复选框选项，最大影响为 1，衰减率为 10，如图 10-55 所示。

Step15：对绑定蒙皮的头部进行权重编辑，旋转下巴控制器，选择头部模型执行蒙皮菜单下绘制蒙皮权重命令，绘制下巴影响权重，如图 10-56 所示。详细操作请参看微课视频教程 💿。

10.4.4　眉毛控制

Step1：在"大纲视图"选择 Hair 组，选择模型面部眉毛位置的边，执行建模模块下的曲线菜单下的复制曲面曲线命令，如图 10-57 所示。

图　10-55

图　10-56

图　10-57

Step2：打开"大纲视图"选择复制的曲线，执行建模模块下的曲线菜单下的附加命令，如图 10-58 所示。

图　　10-58

Step3：删除历史，在"大纲视图"中删除其余多余的复制曲线，只保留下附加后的曲线并命名为 BrownCurve，如图 10-59 所示。

图　　10-59

Step4：执行装备(绑定)模块变形菜单下的线命令，先单击头部模型，按下 Enter 回车，然后再单击曲线，按下 Enter 键确认，选择曲线居中枢轴命令，如图 10-60 所示。

Step5：选择曲线就可以控制面部，但是需要精确编辑曲线控制的权重，执行变形菜单下绘制权重下的线命令，先整体清除权重然后再手动添加曲线的权重，如图 10-61 所示，具体请参看微课视频教学 。

图　10-60

图　10-61

Step6：选择曲线控制点，分别创建簇点进行控制，再分别为簇点创建控制器，选择控制器与簇点分别进行点约束操作，如图 10-62 所示。创建方法同上，这里不再赘述。

10.4.5　眼睫毛控制

Step1：打开"大纲视图"，选择左上眼睫毛组、左下眼睫毛组，执行居中枢轴命令，分别选择左上眼睫毛组、左下眼睫毛组执行变形菜单下的簇命令，如图 10-63 所示。

图　10-62

图　10-63

Step2：显示网格线，分别选择上下眼睫毛组，按下 D 键轴心修改，然后 V 键吸附至眼角位置，按下 D 键结束操作，如图 10-64 所示。

Step3：打开动画模块，执行关键帧菜单下设置受驱动关键帧命令，选择 Head_FaceBS 的通道盒下的 BlendShape1（混合形态节点）单击加载驱动者，在大纲视图中选择上下眼睫毛组的簇分别加载受驱动项，如图 10-65 所示，具体驱动请参看微课视频教学 🎬。

Step4：驱动完成后，打开窗口菜单下"动画编辑器"下的"形变编辑器"，调节 Face_LeftEyeColse（左闭眼）滑块为 1，此时眼睫毛跟随运动，如图 10-66 所示。

图　10-64

图　10-65

图　10-66

Step5：右闭眼设置同理，如图 10-67 所示。详细操作请参看微课视频教学⏏。

图　10-67

Step6：左右眼同时闭眼也需要驱动，如图 10-68 所示。设置同理，在此不再赘述。

图　10-68

10.4.6　创建面部控制器

创建角色面部控制器，主要根据个人喜好进行形状创建，其主要作用是方便动画师快速选择到它，提高角色面部表情动画的工作效率。

Step1：切换到前视图，EP 曲线工具，设置 1 线性，绘制一个方形曲线，然后再创建一个圆形曲线，选择方形曲线和圆形曲线执行修改菜单下的居中枢轴命令，冻结变换和删除历史操作，如图 10-69 所示。

图 10-69

Step2：选择圆形曲线设置限制信息下的移动限制，选择圆形曲线（Ctrl＋A）在圆环节点下设置最大移动范围为1、最小移动范围为−1，如图10-70所示。

图 10-70

Step3：假设我们现在对左闭眼进行控制，在"大纲视图"中对方形曲线命名为LeftEyeColse_temp，对圆形曲线命名为 LeftEyeColse_con，选择方形曲线和圆形曲线执行打组命令，执行修改菜单下的居中枢轴命令，然后对组进行命名 LeftEyeColse_Grp，如图 10-71 所示。

Step4：选择方形曲线设置为模板显示方式，在方形曲线的形态节点下对象显示勾选模板，如图 10-72 所示。

10.4.7　面部表情与控制器关联

实现面部表情控制的方法有很多，通常使用驱动关键帧方法、属性连接方法、表达式方法进行控制。这里我们学习最高效的应用表达式进行面部表情的控制。

图 10-71

图 10-72

Step1：选择圆形曲线，执行窗口菜单"动画编辑器"下的"表达式编辑器"，输入表达式 blendShape1. Face_ LeftEyeColse＝Face_ LeftEyeColse_ con. translateX；如图 10-73 所示。

Step2：复制 LeftEyeColse_Grp（左眼控制器组），然后对其组名修改为 RightEyeColse_ Grp，LeftEyeColse _ temp 修改为 RightEyeColse _ temp，LeftEyeColse _ con 修改为 RightEyeColse_ con，如图 10-74 所示。

图 10-73

图 10-74

Step3：执行窗口菜单"动画编辑器"下的"表达式编辑器"，在"表达式编辑器"中的"过滤器"菜单下的"按表达式名称"选择 expression1，然后在"表达式"栏输入blendShape1. Face_RightEyeColse = RightEyeColse_Grp | RightEyeColse_con. translateX；如图 10-75 所示。

Step4：其他控制器实现控制制作同理，这里不再赘述。

Step5：选择面部所有控制器组进行打组并进行命名为 BS_CON_GRP，然后把 BS_CON_GRP 组的轴心修改至脖子关节位置处，把 BS_CON_GRP 组 P 给脖子关节，让其跟随头部运动，如图 10-76 所示。

图　　10-75

图　　10-76

Step6："大纲视图"中选择 Hair 组,然后将 Hair 组 P 给 Head_jt2 头部关节,如图 10-77 所示。

Step7:整理大纲视图层级,将没有用的簇点进行打组隐藏,把 cluster_group(簇组)和 BrowConGRP(眉毛控制器组)选择 P 给 BrownCurve(眉毛控制曲线),如图 10-78 所示。

Step8:场景中只保留模型和显示控制器,这样角色面部表情控制系统就制作完成了,如图 10-79 所示,有关本节的视频讲解请参见配套的微课视频教程⬛。

图　10-77

图　10-78

图　10-79

10.5　角色高级绑定进阶

　　角色高级绑定师的工作内容就是根据动画项目的需求，在 Maya 中完成角色（身体和面部）与道具的绑定，要求具备简单高效的控制系统和合理可信的表面变形。还有一些情况需要使用 MEL 或 Python 开发相应的工具，完成角色相关的毛发、布料的设置解算工作，提高绑定及动画流程的效率。

　　路漫漫其修远兮，吾将上下而求索。要想成为一名出色的角色高级绑定师，就需要不断地积累与学习，版面所限，我们不可能将绑定的所有知识在一本书中全部体现出来，在实际工作中，除了掌握本书所讲的骨骼绑定技术外，建议读者继续深入研究掌握骨骼的拉伸技术、Maya 的 MEL 脚本语言运用、肌肉系统、布料系统解算等。

10.5.1　骨骼的拉伸技术

　　在一些动画或者特效影片中我们经常可以看到一些角色的身体或者四肢像橡皮筋一样进行夸张的压缩或拉伸。电影《超人特工队》角色手臂骨骼拉伸如图 10-80 所示。如今这种拉伸动画应用非常广泛，不仅在卡通动画片中，在半写实的角色运动中也会用到。那么，为了实现这种效果，绑定中需要做哪些工作呢？

图　10-80

　　绑定中的骨骼拉伸是通过骨骼的 Scale（缩放）属性，使骨骼发生长短粗细的变化，从而影响蒙皮来实现的。这里简单介绍制作骨骼拉伸的一般制作思路，大家可以根据这个思路进行尝试。

　　制作骨骼拉伸需要用到 Distance Tool（距离测量工具）、Condition（判断节点）、Multiply Divide（乘除节点）等，创建好骨骼后需要用 Distance Tool（距离测量工具）测量拉伸骨骼的长度（如手臂长度），然后将测量数据与 Condition（判断节点）在材质编辑器中进行关联，通过判断节点控制开始拉伸的基数，然后通过 Multiply Divide（乘除节点）将测量数据转换成一个比率，用于控制骨骼的 Scale（缩放）属性，这样拉伸就能够实现了。

　　当然骨骼拉伸有多种不同的制作方法，这里所说的是基本的原理，大家可以在此基础上进行大胆的探索与创新。

10.5.2　MEL 脚本与表达式

学习 Maya 就不能不知道 MEL 脚本与表达式,它们在 Maya 动力学模块的应用最广泛,在绑定中也非常重要,想要成为绑定大师就必须能够熟练运用 MEL 与表达式,即使是一个普通的绑定人员也要对它们有一些初步的了解。那么 MEL 脚本与表达式是什么? 它们又能做什么呢?

一般来说,Maya 用户可以通过两种途径编写自己的脚本:一种是使用"表达式编辑器"输入表达式语句,如图 10-81 所示;另一种是使用 Script Editor(脚本编辑器)编写 MEL 脚本语言或 Python 脚本语言,如图 10-82 所示。

图　10-81

图　10-82

Maya 的 MEL 脚本语言（Maya Embed Language）是 Maya 提供给用户的一种嵌入式脚本语言。事实上，整个 Maya 的图形用户界面都是使用 MEL 语言来控制的，Maya 几乎所有的功能都可以通过 MEL 语言来实现。用户可以使用 MEL 访问那些 Maya 界面中没有的元素或功能，甚至还可以用来编写用户自己的小插件、菜单栏等。

有人会有这样的疑问：一个角色有那么多控制器，有没有简单的方法能够一次全部创建出来呢？回答是肯定的，我们可以编写一段 MEL 脚本，让 Maya 来帮你完成控制器的创建。除此之外，MEL 还可以实现更复杂的操作，例如本书第 9 章讲解的 Advanced Skeleton 高级骨骼绑定插件就是用 MEL 语言编写的。

此外，从 Maya 8.5 版本后，Maya 开始支持并使用 Python 语言。Python 语言是一种编程语言。Python 是 FLOSS（自由/开放源码软件）之一。用户可以自由发布这个软件的复制，阅读它的源代码，对它进行编辑，把它的一部分用于新的自由软件中。一个用编译性语言（例如 C 或 C++）写的程序可以从源文件（即 C 或 C++语言）转换到计算机使用的语言（二进制代码，即 0 和 1），而 Python 是一种脚本语言，写好了可以直接运行，省去了编译连接的麻烦，对于需要多动手实践的初学者而言，也就少了出错的机会。而且 Python 还有一种交互的方式，如果是一段简单的小程序，连编辑器都可以省了，直接输进去就能运行。用 Python 写的程序很容易懂，它的语法中没有各种隐晦的缩写，不需要去强记各种奇怪的符号和其含义。引入 Python 有更多的好处：首先，它的运行速度比 MEL 快，效率更高；其次，也是最重要的，它可以访问 MEL 所不能涉及的 Maya 的底层结构，如 Maya API 等。

表达式是以 MEL 语句为基础的程序，我们可以为物体的某个属性编写表达式来制作动画，还可以使用表达式实现物体间的某些属性的关联。绑定中使用表达式通常是进行属性关联，这样的关联根据表达式的运算方式不同，实现的效果也不尽相同。例如我们可以通过表达式将物体 A 的移动属性赋值于物体 B 的旋转属性，或者通过判断物体 C 的旋转属性，来控制物体 B 在什么时候缩放等操作。

MEL 或 Python 脚本语言与表达式是 Maya 给创作者提供的开放性工具，它们功能强大，但是由于都属于编程的范畴，所以需要大家下功夫去学习，这也是踏上高级绑定之路的必经阶段。

10.5.3　肌肉系统

从 Maya 2009 版本开始，肌肉系统正式成为 Maya 动画模块中的一部分，如图 10-83 所示。常规的骨骼绑定虽然可以解决模型的运动问题，但无法表现出皮肤在肌肉收缩时的状态变化。当创建一个肌肉丰满的角色时，就需要通过肌肉系统来模拟各种肌肉的运动状态，已经成为当今电影制作的重要工具，电影角色神奇绿巨人的肌肉运动就是通过肌肉系统来模拟实现的，如图 10-84 所示。

为角色制作肌肉系统是在完成角色骨骼绑定之后进行的，大致创建流程为：选择需要添加肌肉的骨骼，创建作为影响物体的胶囊，修改胶囊的抖动效果，然后将胶囊与角色模型

图　10-83

图 10-84

进行关联,最后绘画影响权重,肌肉系统就创建成功了。这时可以通过播放预览查看模型受到肌肉影响的范围,就会看到抖动、挤压、拉伸等效果。肌肉系统的原理看起来很简单,实际制作却是比较烦琐的,需要绑定人员不断调节才能达到完美的效果。

10.5.4　布料系统

　　nMesh 系统是由 Maya 版本的 nCloth(新布料系统)集成而来的。nMesh 系统同样基于最新的模拟框架系统——Nucleus 内核。Maya 版本的 nCloth 系统是应用新技术 Nucleus 的首个 Maya 模块,在 Maya 的环境中使用布料系统可以对任何运动的模型创建真实的衣服动画效果,表现空气动力学属性和布料的特征。除了可以创建衣服动画外,还可以使用创建其他类型的布料动画,例如床单、桌布、被褥、旗帜以及纺织物品等,如图 10-85 所示。

　　nCloth(新布料系统)成为 Maya FX(特效)(新动力学)模块中的一部分,它的很多常用命令被统一放在了工具架上,如图 10-86 所示。nConstraint 系统能够以全新方式快速支配和调控衣料和其他材质模拟,以逼真的衣料间相互作用和碰撞结果快速创建多个衣料的模拟;能够将衣料进行弯曲、伸展、裁剪、撕裂这些特性甚至可以用来模拟金属变形以及刚体碎裂。它的菜单如图 10-87 所示。

图　10-85

图　10-86

图　10-87

本章通过面部绑定案例的学习，需要重点掌握的知识点有：

（1）如何使用 Blend Shape 制作角色面部表情。

（2）表情动画制作需要掌握的口型与面部肌肉。

（3）角色面部表情绑定。

（4）角色高级绑定进阶知识内容。

参 考 文 献

［1］ 铁钟. Maya 2009 高手之路［M］. 北京：清华大学出版社，2010.

［2］ 廖勇. Maya 骨骼绑定专业技法大揭秘［M］. 北京：清华大学出版社，2012.

［3］ 完美动力. Maya 绑定［M］. 北京：海洋出版社，2012.

［4］ 万建龙. Maya 角色绑定火星课堂［M］. 北京：人民邮电出版社，2012.

［5］ 顾德明. 运动解剖学图谱［M］. 北京：人民体育出版社，2013.

［6］ Autodesk Maya 2018. Maya 用户手册，2018.

图 书 资 源 支 持

感谢您一直以来对清华版图书的支持和爱护。为了配合本书的使用，本书提供配套的资源，有需求的读者请扫描下方的"书圈"微信公众号二维码，在图书专区下载，也可以拨打电话或发送电子邮件咨询。

如果您在使用本书的过程中遇到了什么问题，或者有相关图书出版计划，也请您发邮件告诉我们，以便我们更好地为您服务。

我们的联系方式：

地　　址：北京市海淀区双清路学研大厦 A 座 701

邮　　编：100084

电　　话：010-83470236　010-83470237

资源下载：http://www.tup.com.cn

客服邮箱：tupjsj@vip.163.com

QQ：2301891038（请写明您的单位和姓名）

资源下载、样书申请

书　圈

扫一扫，获取最新目录

课 程 直 播

用微信扫一扫右边的二维码，即可关注清华大学出版社公众号"书圈"。